Inhalt

Liebe Lehrerinnen und Lehrer,

Ihre Schülerinnen und Schüler lernten im 1. Schuljahr die Zahlen bis 20 kennen und erfassten erste Rechenoperationen über Handlungen. Sie entdeckten mathematische Strukturen und sammelten Erfahrungen beim Anwenden der Mathematik. Die Unterschiede in den Voraussetzungen der Kinder für das Mathematiklernen können noch größer geworden sein. Die Skala reicht von Kindern, die schon mühelos zweistellige Zahlen addieren und subtrahieren können und dabei eigene Strategien entwickeln bis zu Kindern, die noch nicht die Anforderungen des Mathematikunterrichts der Klasse 1 beherrschen und Rechenaufgaben nur zählend lösen.
Ursachen für diese Unterschiede lassen sich häufig auf Entwicklungsverzögerungen in für Mathematiklernen wichtigen Fähigkeiten wie Vorstellungsfähigkeit, Abstraktionsfähigkeit und Orientierungsfähigkeit zurückführen. Solche Entwicklungsverzögerungen zeigen sich sowohl im mathematischen als auch im außermathematischen Bereich. Sie müssen in beiden Bereichen erkannt und aufgearbeitet werden, um Lernschwierigkeiten vorzubeugen oder sie zu überwinden.

Die **Diagnose-Förder-Materialien** sollen Sie **unterstützen, Voraussetzungen der Kinder für den Mathematikunterricht** der jeweils angegebenen Klassenstufe **zu erfassen, Entwicklungsverzögerungen festzustellen** und ein **sicheres Fundament** zum Erlernen der mathematischen Inhalte bei allen Kindern **zu schaffen**.

Je nach Einsatz der Materialien können sie zur **Diagnose** genutzt werden, zum Beispiel
- zu Beginn des Schuljahres, um schnell einen Überblick über den aktuellen Stand der Schüler zu erhalten, oder
- schuljahresbegleitend, um Ursachen für Lernschwierigkeiten bei einzelnen Kindern aufzudecken,

und zum **Fördern** verwendet werden, zum Beispiel
- um ein gutes Ausgangsniveau für den Unterricht bei allen zu sichern, oder
- um Ursachen für Lernschwierigkeiten bei einzelnen Kindern aufzuarbeiten.

Sie finden in den Materialien Arbeitsblätter mit mathematischen und mit außermathematischen Inhalten. Da sie zum Erfassen und Aufarbeiten der Voraussetzungen der Schüler für die jeweils angegebene Klassenstufe gedacht sind, können sie lehrplan- und lehrbuchunabhängig sowohl im Unterricht als auch im Förderunterricht und zu Hause eingesetzt werden.
Stärken und Schwächen der Kinder zeigen sich beim Lösen der Aufgaben und beim Reflektieren mit ihnen über ihr Vorgehen. So erhalten Sie wertvolle Informationen über Aufgabenverständnis, Strategien und Denkwege der Kinder.

Die Auswahl der Aufgaben beruht auf den Erfahrungen der Mitarbeiter der PAETEC Institute für Therapie, die mit rechenschwachen Kindern aller Altersstufen arbeiten.
Am Ende des Materials finden Sie Hinweise zur Auswahl der Aufgaben, zu den Inhalten und zur möglichen weiteren Förderung von Kindern mit Lernschwierigkeiten im Mathematikunterricht der Klasse 2.

Andrea Schulz

Dr. Andrea Schulz
Herausgeberin der Reihe Diagnose-Förder-Materialien für den Mathematikunterricht
Leiterin des Systems der PAETEC Institute für Therapie der paetec Gesellschaft für Bildung und Technik mbH

Zählen

1. Zähle die Bücher in jeder Reihe!

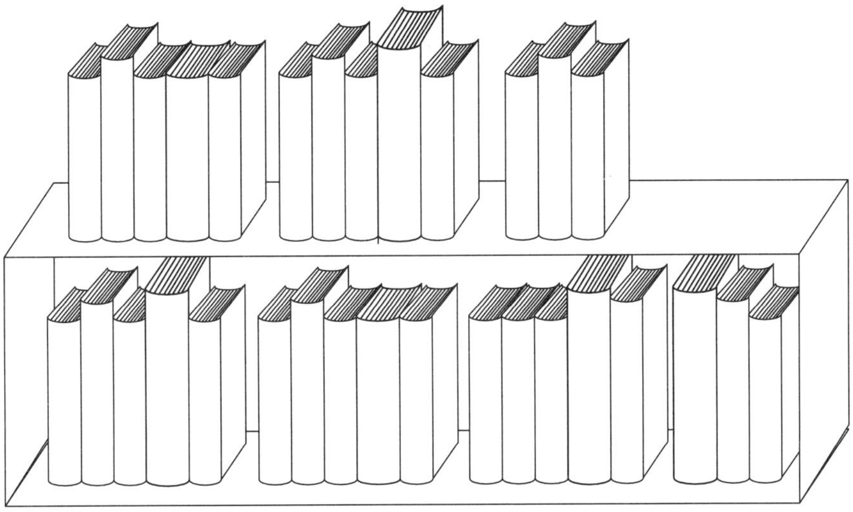

Es sind ☐ Bücher.

Es sind ☐ Bücher.

In der zweiten Reihe stehen ☐ Bücher mehr als in der ersten.

2. Zähle die Äpfel!

Es sind ☐ Äpfel.

Male 6 Äpfel aus!

Es sind ☐ Äpfel nicht ausgemalt.

Zählen

Zähle jeweils!

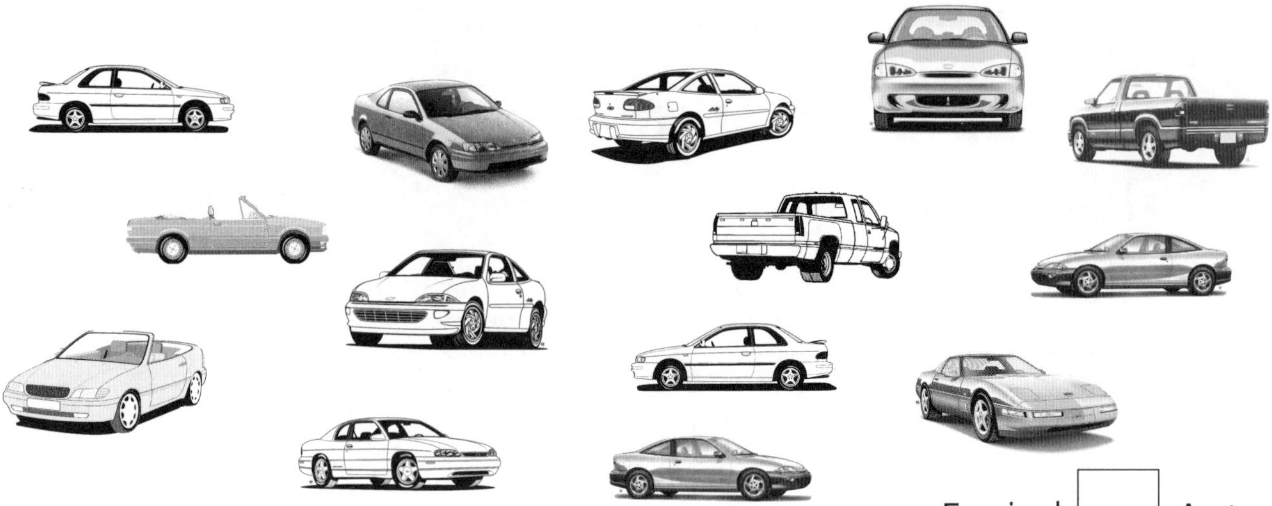

Es sind ☐ Autos.

Es sind ☐ Pferde.

Es sind ☐ Stück Obst.

Zählen

1. Male die Felder farbig aus, in denen die Anzahl richtig angegeben ist!

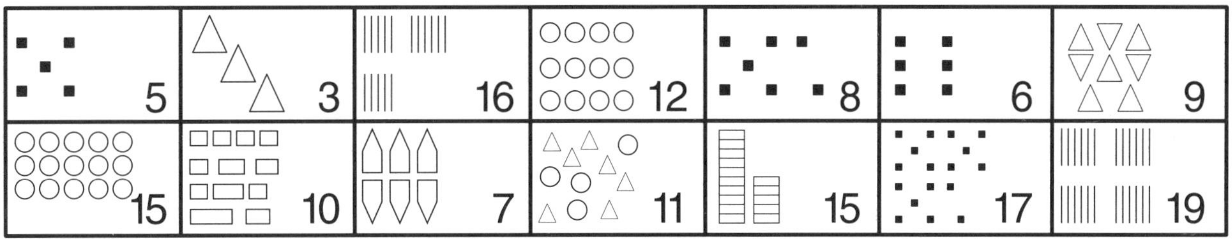

2. Zähle und schreibe die Anzahl in die Felder!

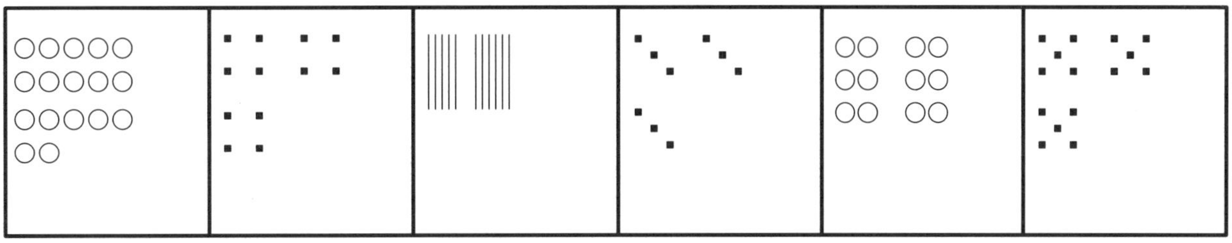

3. Male die Felder farbig aus, in denen Zahlen bis 20 richtig geschrieben sind!

1	E	11	2	5	51	El	9	12	3	41
5	7	31	20	6	19	13	ϱ	14	ㄣ	16

4. Schreibe alle Zahlen von 1 bis 20 auf!

Zählen

Pit fädelt 20 Perlen auf, im Wechsel 5 helle und 5 dunkle.

Schreibe auf, wie viele Perlen Pit auf die linke und wie viele er auf die rechte Seite geschoben hat!

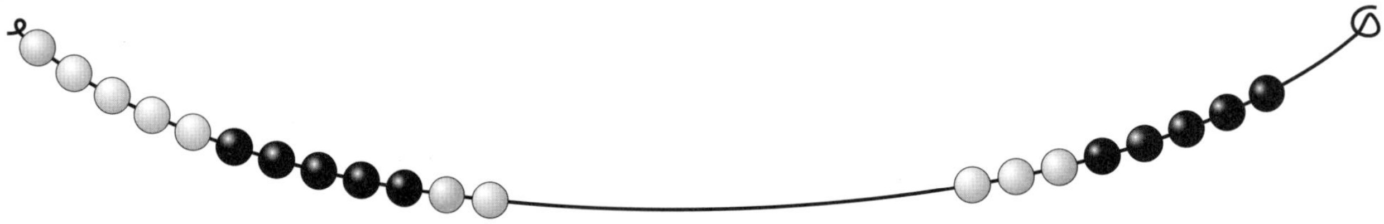

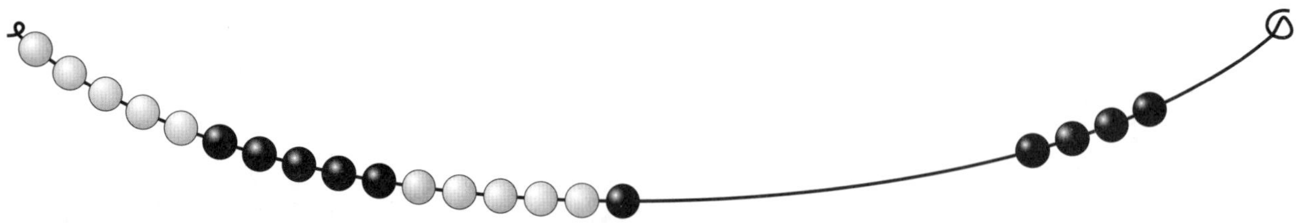

Zählen

Pit möchte Ketten mit je 20 Perlen haben.

Ergänze die fehlenden Perlen auf der rechten Seite!

Schreibe auf, wie viele Perlen rechts und wie viele links sind!

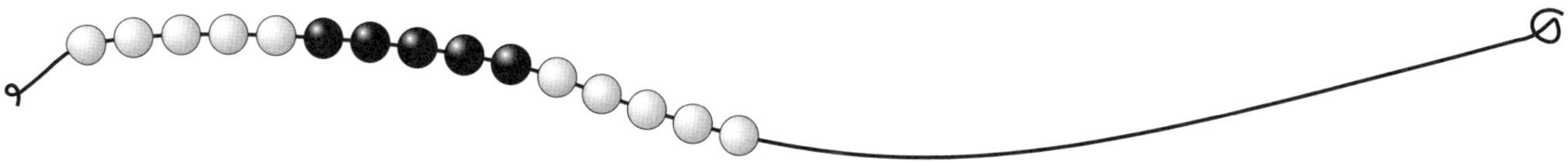

Zählen

1. Jede Kette soll 20 Perlen haben. Ergänze die passenden Perlen!

2. Male jeden 2. Ball grün aus!

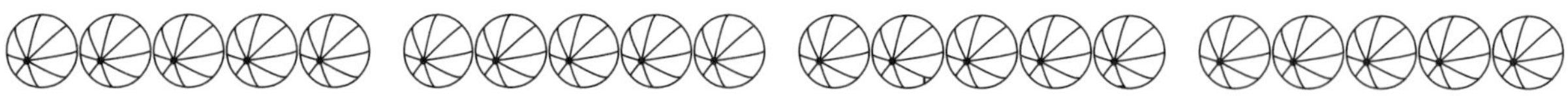

3. Male jeden 3. Würfel rot aus!

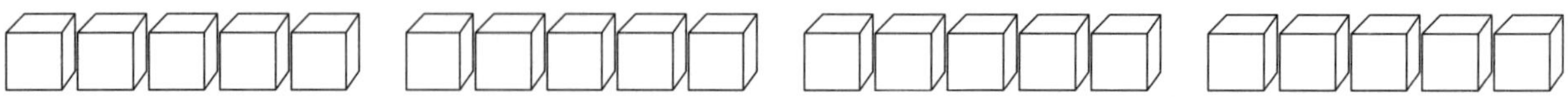

Zählen

Suche Körperformen! Zähle sie und schreibe die Anzahl auf!

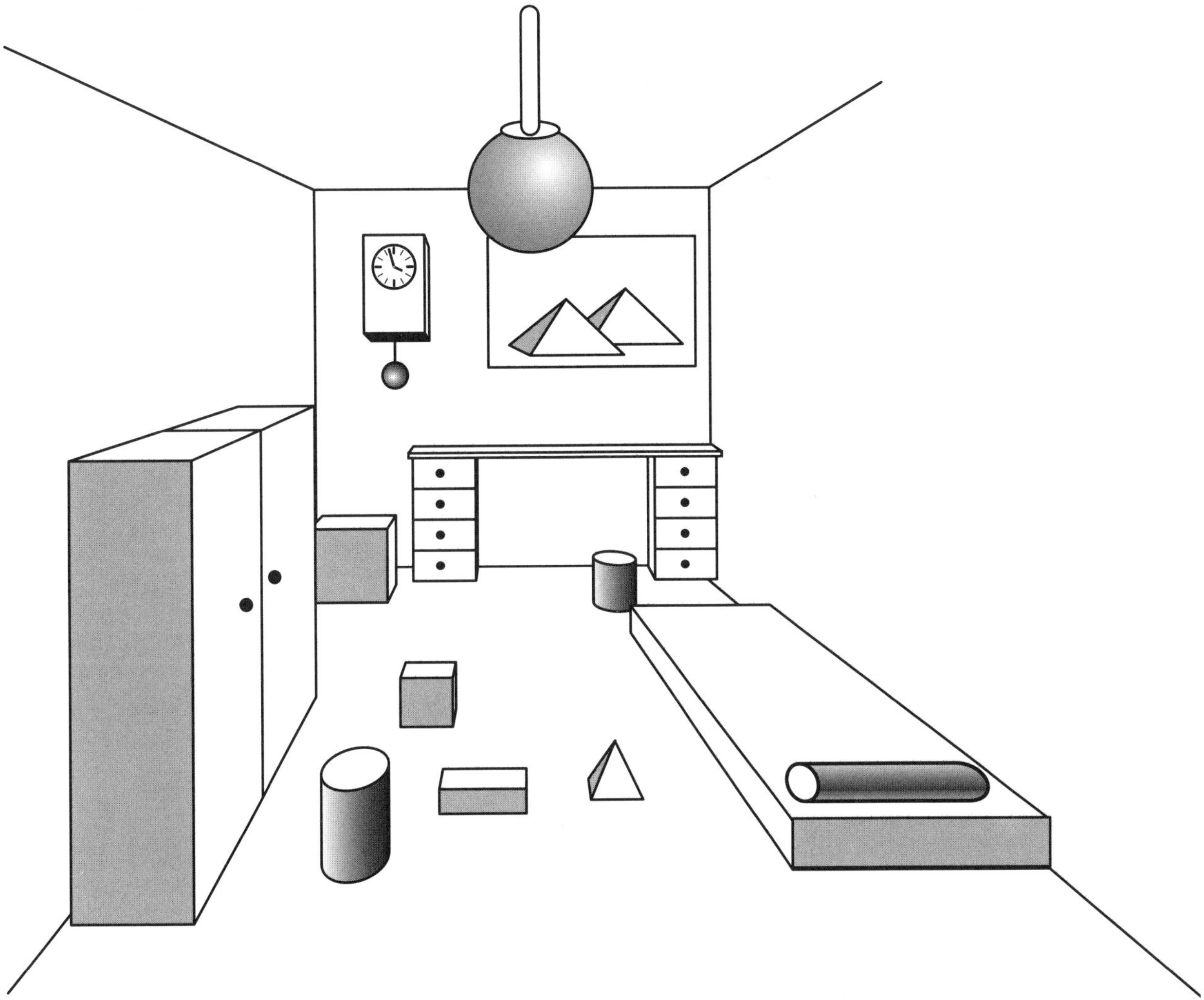

Würfel 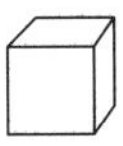 ________

Quader 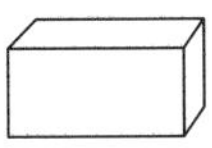 ________

Zylinder 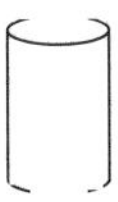 ________

Kugel  ________

Pyramide  ________

Ergänze die fehlenden Hausnummern!

Pit wohnt in der Hausnummer links von der 17.

Es ist die _____ .

Pits Freund wohnt in der Hausnummer rechts von der 13.

Es ist die _____ .

Zählen

1. Zähle vorwärts! Ergänze die fehlenden Zahlen!

				5							12							19	

Die Zahl vor der 5 ist die _____ .

Die Zahl nach der 17 ist die ____ .

2. Zähle rückwärts! Ergänze die fehlenden Zahlen!

20			17																1

3. Zähle in Zweierschritten! Trage die Zahlen richtig ein!

	2																		

4. Zähle in Fünferschritten! Trage die Zahlen richtig ein!

Zählen

Pit würfelt mit 4 Würfeln. Zähle die Punkte zusammen.

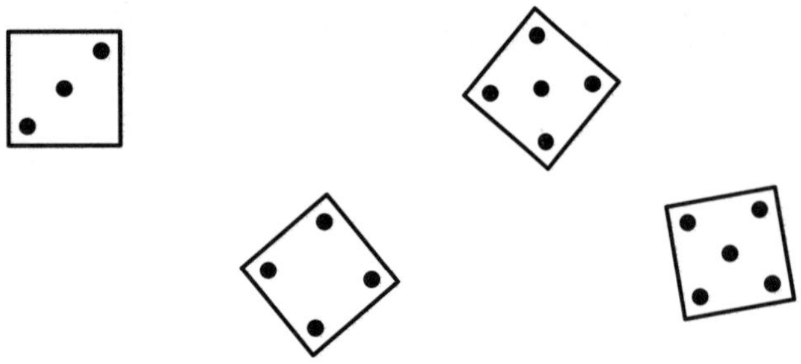

☐ Punkte

☐ Punkte

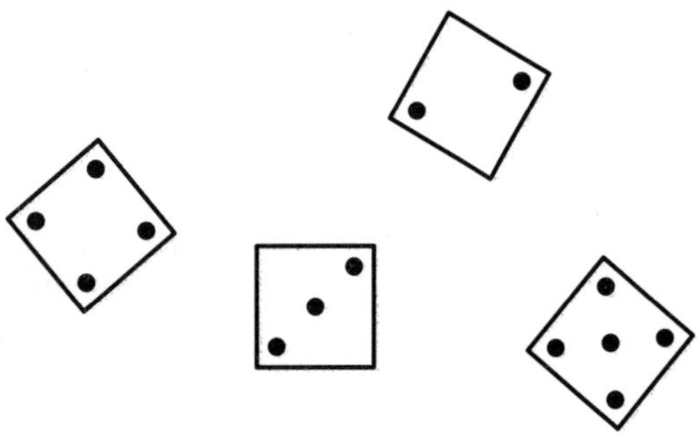

☐ Punkte

☐ Punkte

Zählen

Male aus!

- 7 Kreise

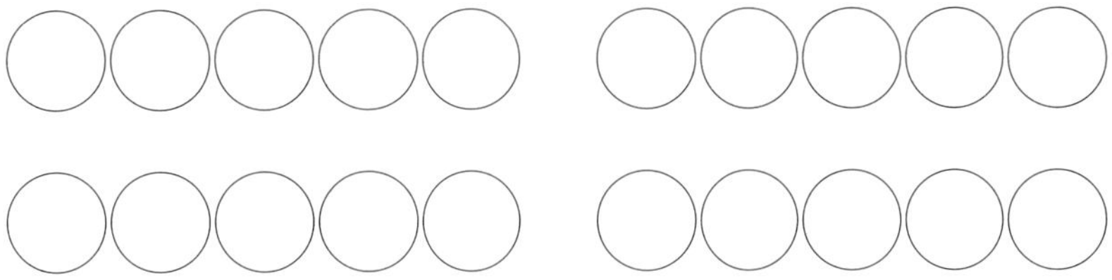

- 17 Kreise

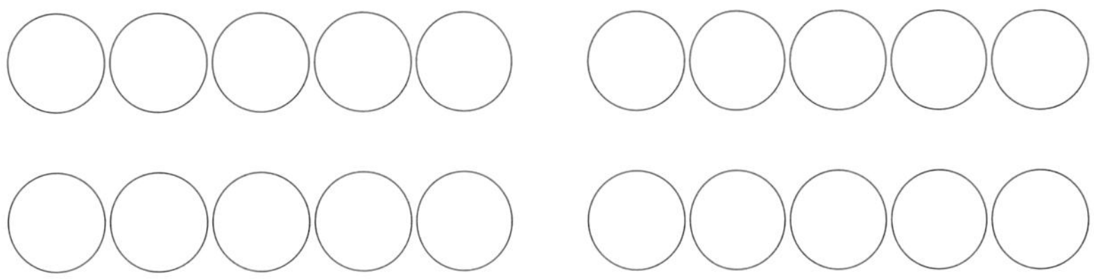

- den 6. Kreis
  und den 16. Kreis

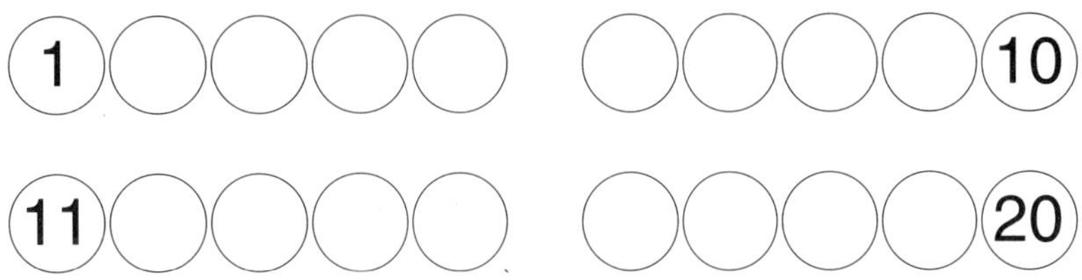

- den 3. Kreis und
  den 13. Kreis

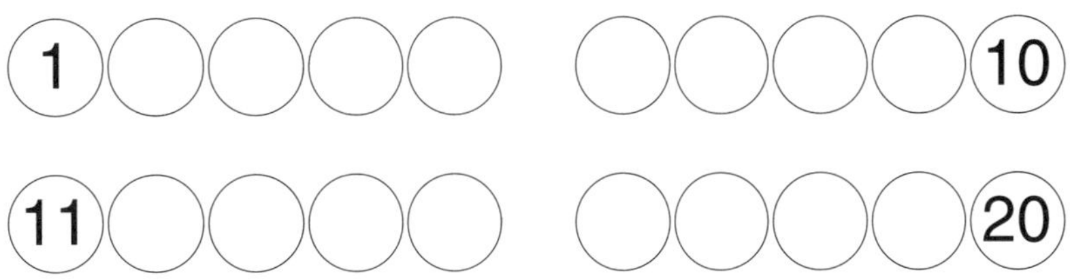

Bauen

Wie viele Würfel sind es? Baue nach!

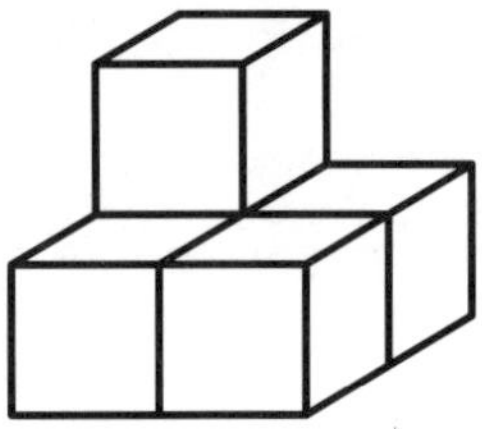

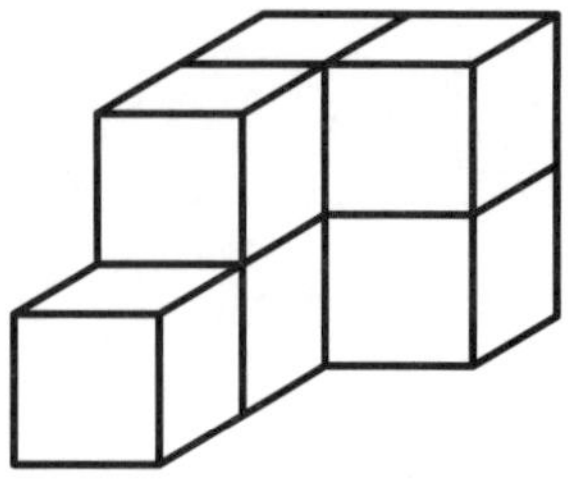

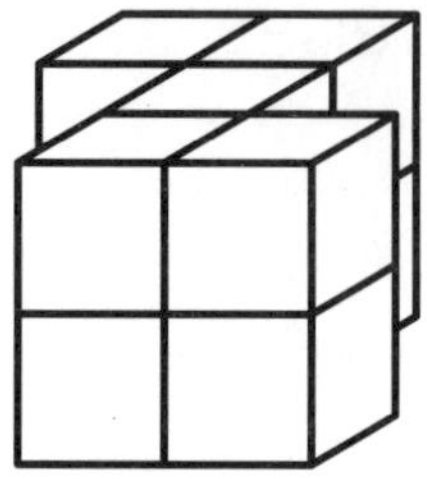

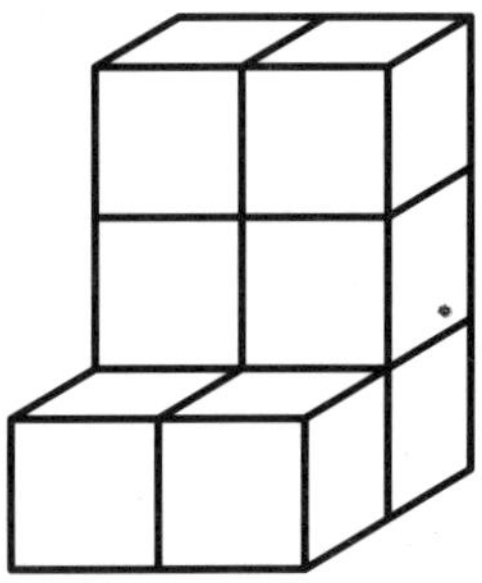

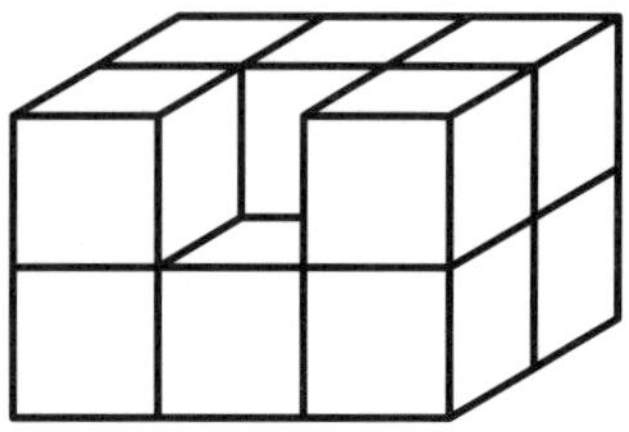

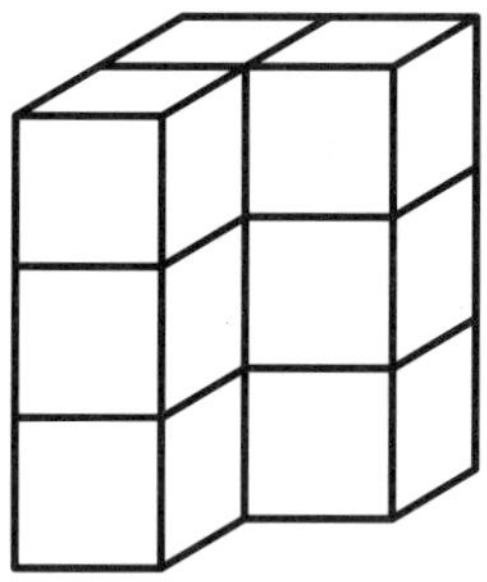

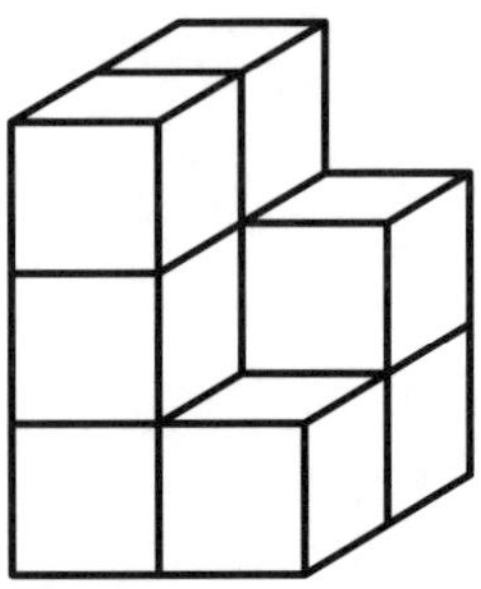

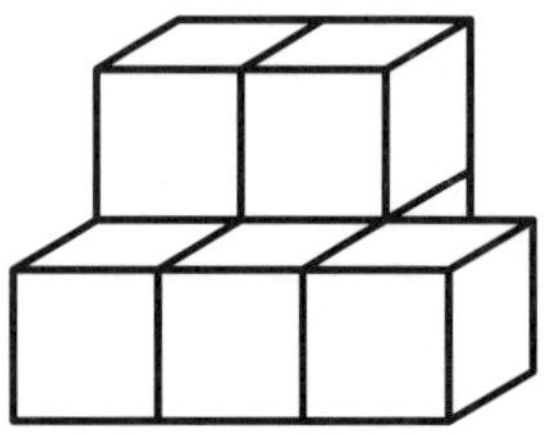

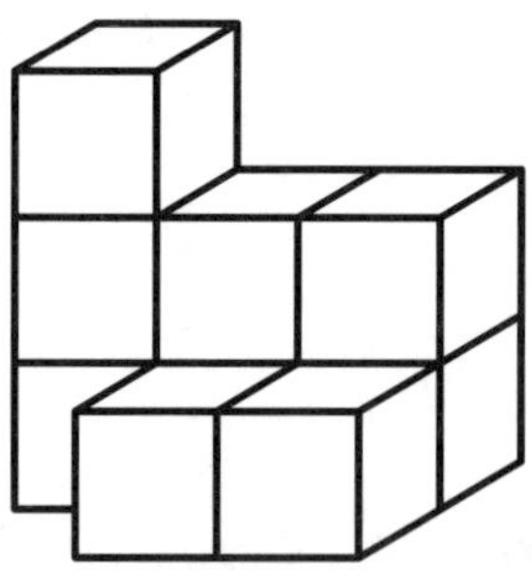

Bauen

Pit fotografiert seine Würfelbauten von vorn.
Ordne jedem Würfelbau seine Vorderseite zu!
Verbinde! Baue nach und kontrolliere!

Bauen

Pit schaut von oben auf seine Würfelbauten.
Welche Ansicht gehört zu welchem Bau?
Verbinde! Baue nach und kontrolliere!

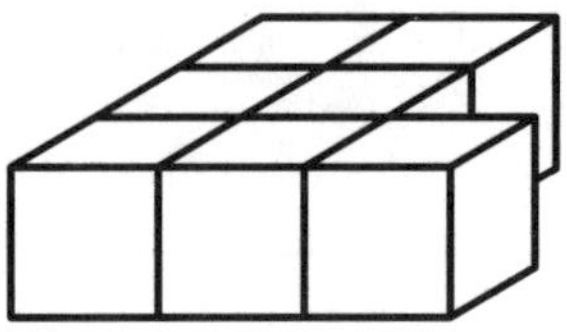

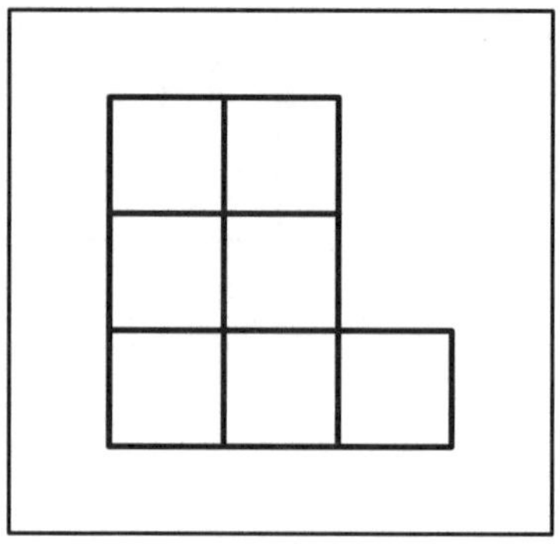

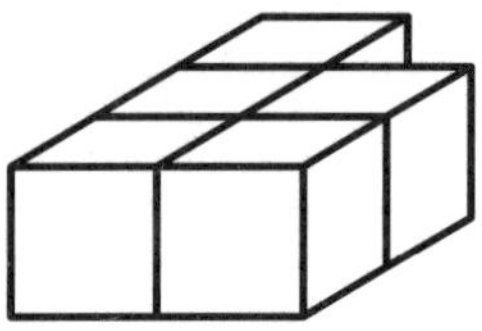

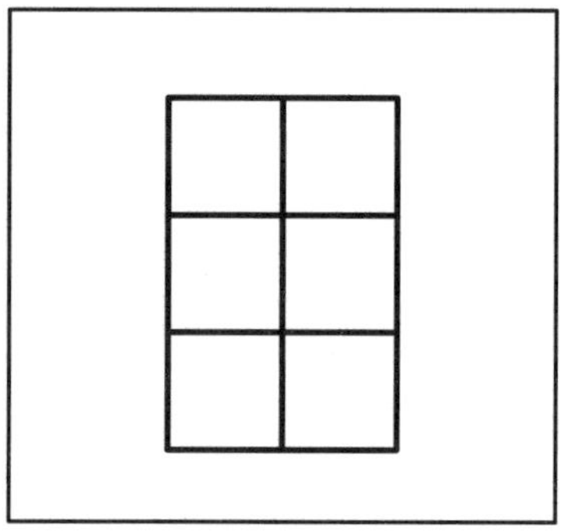

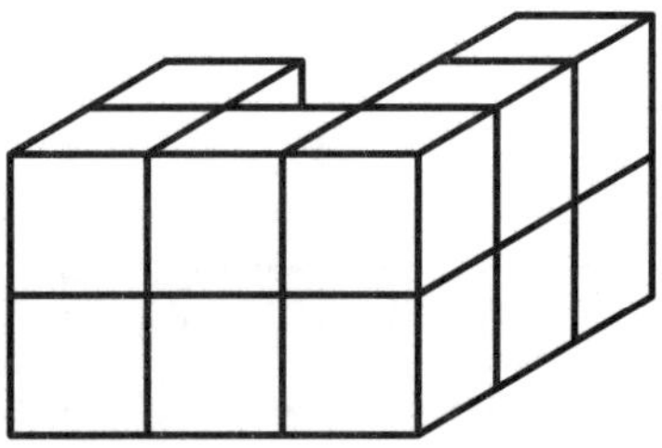

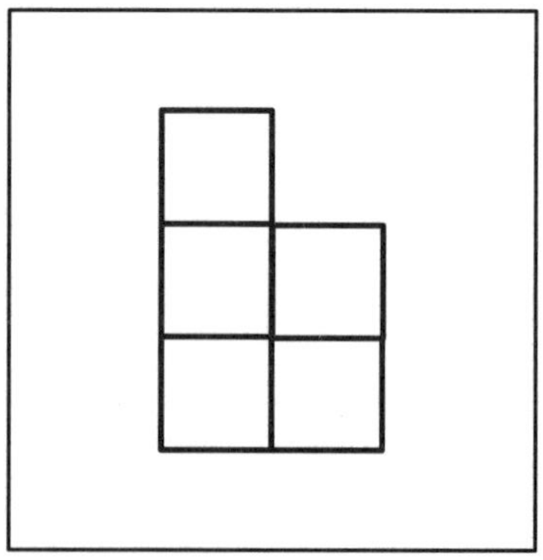

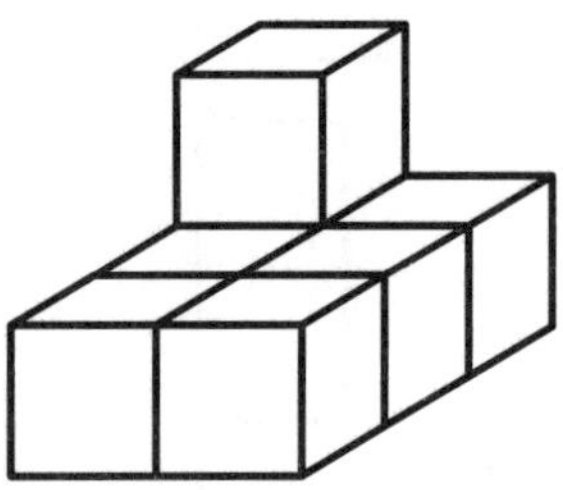

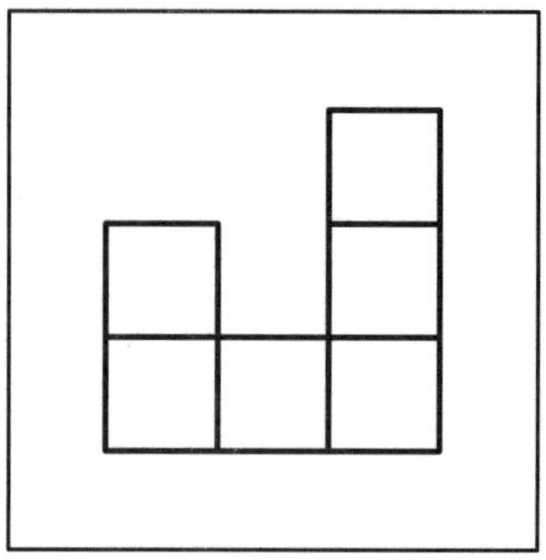

Bauen

Pit hat gebaut.
Lege die Karten in die
richtige Reihenfolge!
Male aus, was auf jeder
Karte dazu gekommen ist!

Vergleichen

Pit hat ein Bild gemalt. Lege die Karten in die richtige Reihenfolge!
Male aus, was auf jeder Karte dazu gekommen ist!

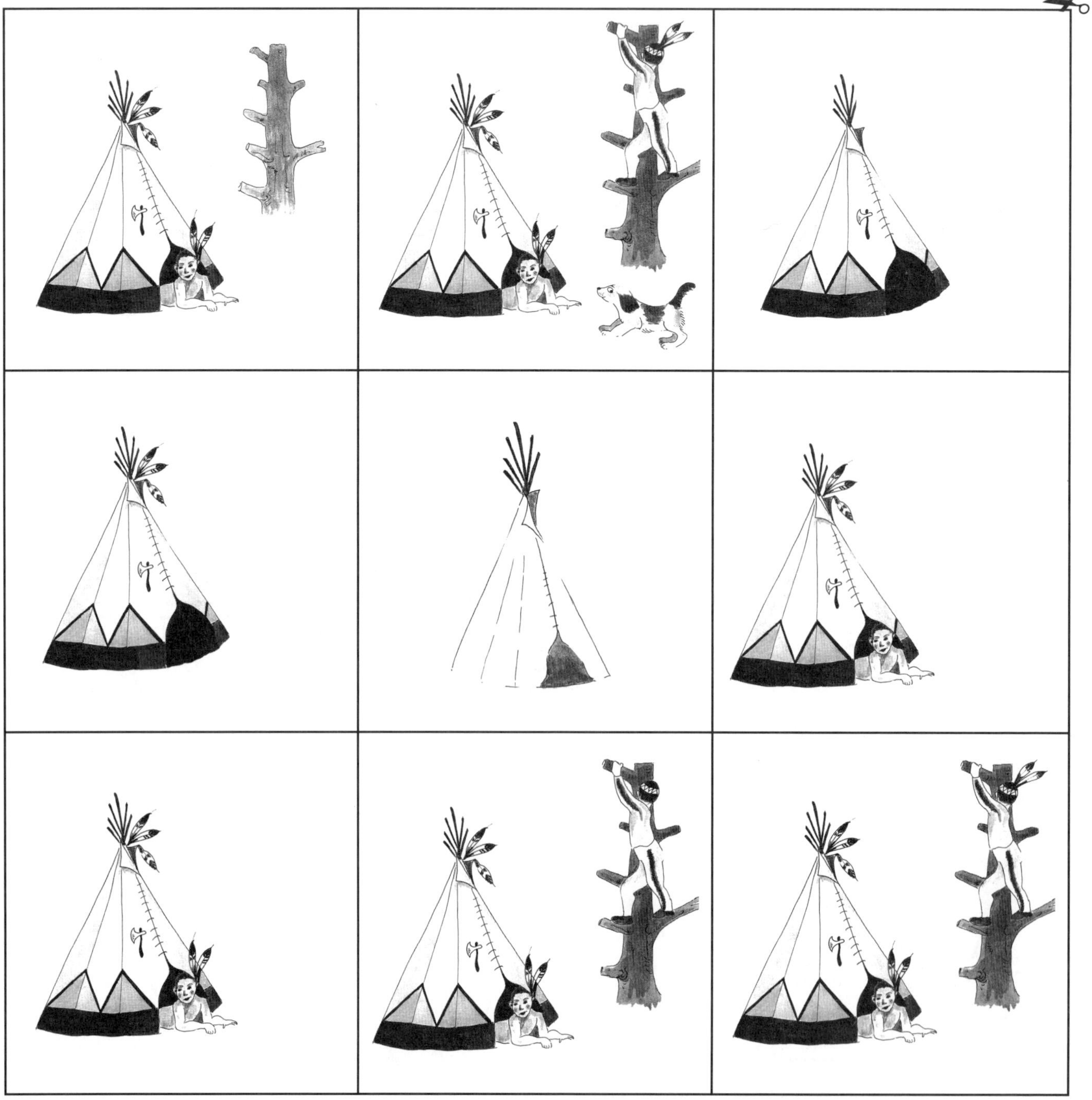

Vergleichen

Zu jeder kleinen Figur soll es eine passende große geben.
Vervollständige die Formen und Muster der großen Figuren!

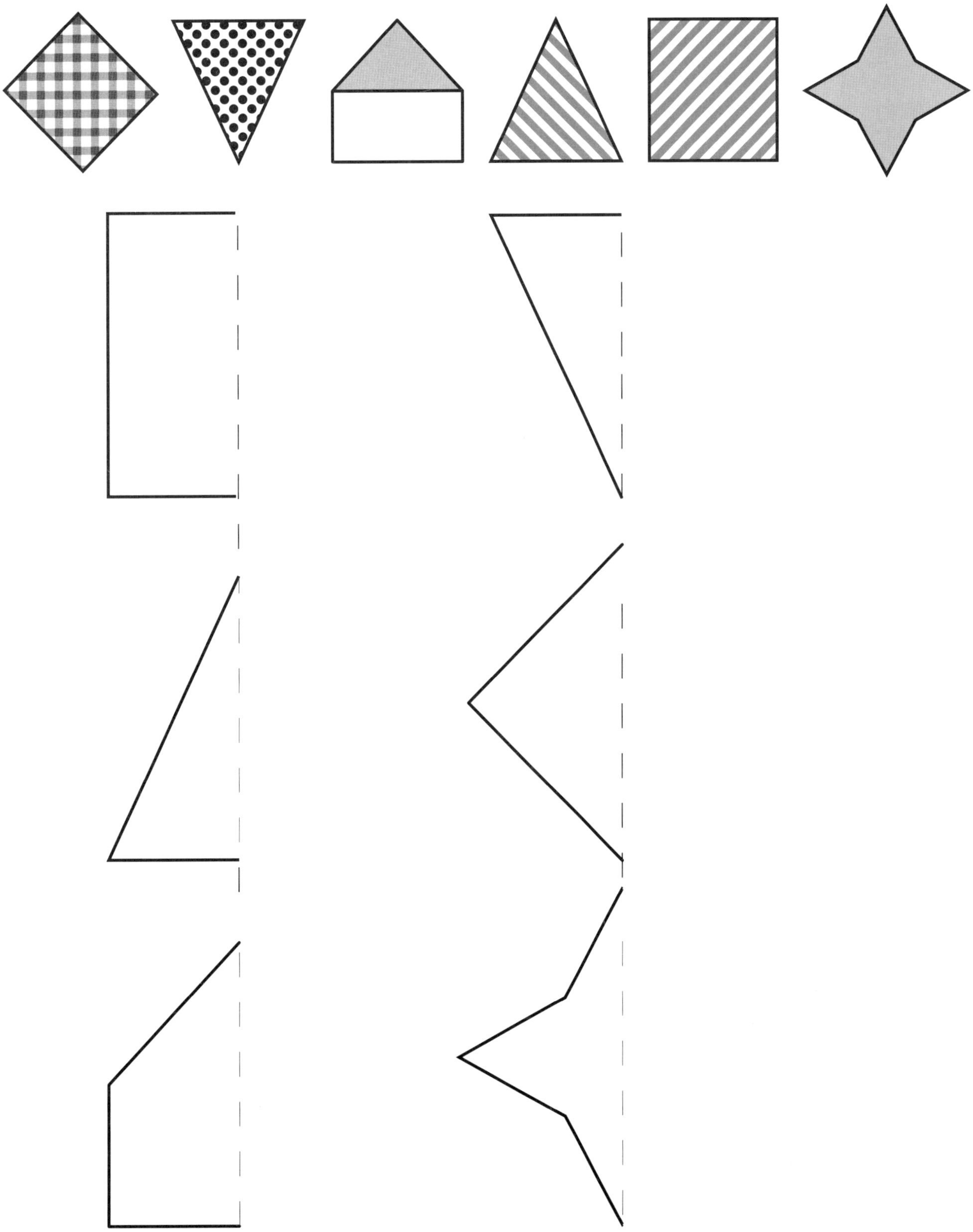

Vergleichen

Nimm einen Spielwürfel!
Zeichne auf, welche Bilder sich jeweils *gegenüber* liegen!
Was stellst du fest?

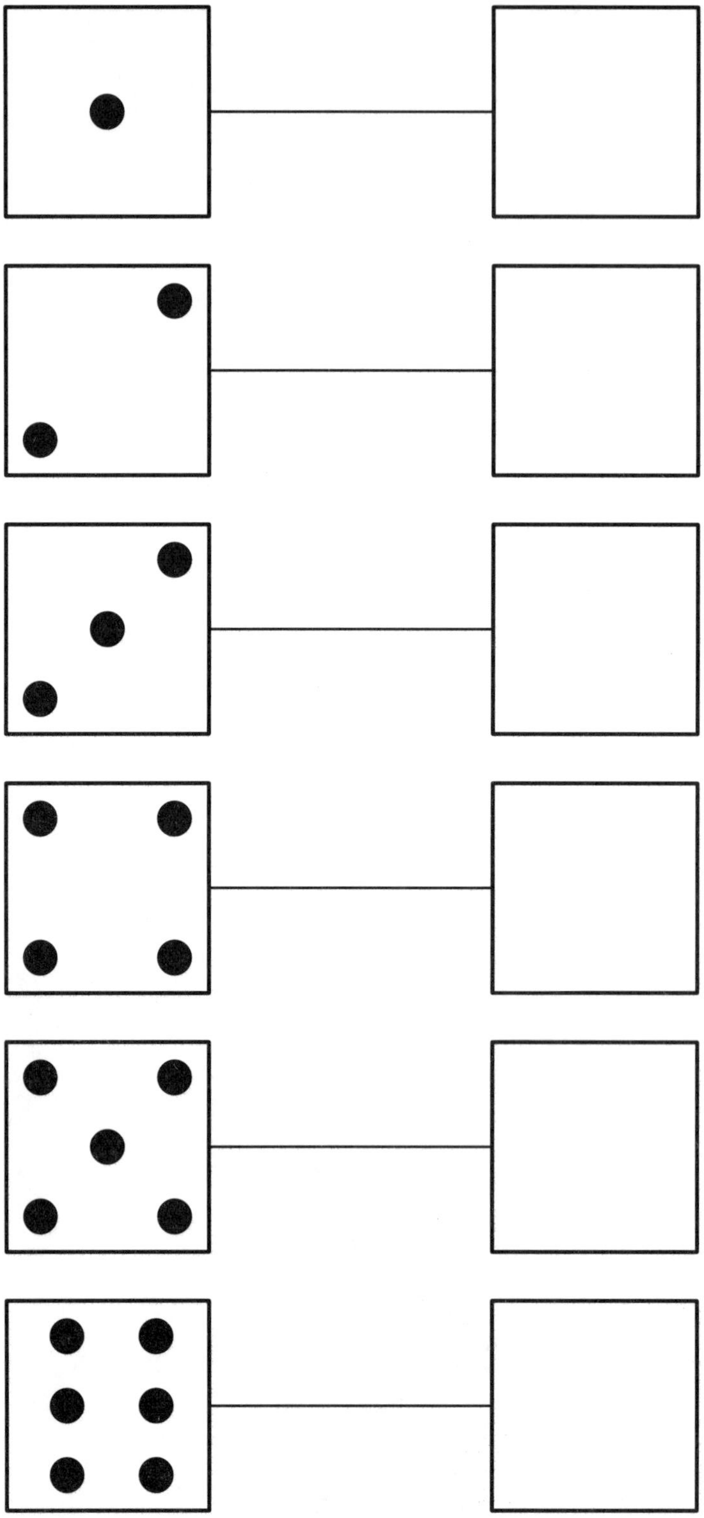

Zusammen sind es ☐ Punkte.

Zusammen sind es ☐ Punkte.

Zusammen sind es ☐ Punkte.

Zusammen sind es ☐ Punkte.

Zusammen sind es ☐ Punkte.

Zusammen sind es ☐ Punkte.

Vergleichen

Vergleiche die Zahlen! Setze das fehlende Zeichen in das Kästchen!

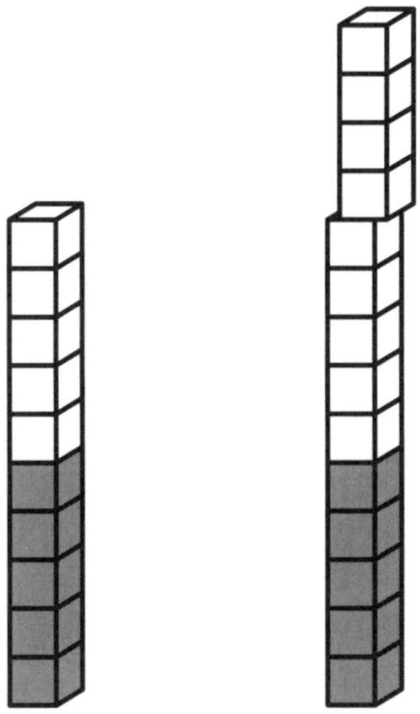

13 > 11

9 < 14

17		19
11		4
14		14
19		12
7		17

Orientieren

Was ist wo? Verbinde!

Oberarm	Kopf
Unterarm	Stirn
Ellenbogen	Augenbraue
rechtes Ohr	Augen
Mund	Nase
Oberschenkel	linke Hand
Knie	linker Daumen
Schienbein	Hals
Wade	Schulter
Fuß	Bauch

Orientieren

Aus welcher Richtung werden die Tiere jeweils beobachtet?

Schneide die Karten aus und ordne richtig zu!

von vorn	von hinten	von rechts	von links

Orientieren

Wo steht der Baum?

Schneide die Karten aus und ordne richtig zu!

Der Baum steht vor dem Tier.	Der Baum steht hinter dem Tier.	Der Baum steht rechts vom Tier.	Der Baum steht links vom Tier.

Orientieren

Viele Kinder kommen zum Kinderfest. Male jedem Kind in seine rechte Hand einen Luftballon!

Orientieren

Wo steht Pit?

Schneide die Karten aus und ordne sie den Bilden zu!

Pit steht vor dem Tisch.	Pit steht auf dem Tisch.	Pit steht rechts vom Tisch.
Pit steht links vom Tisch.	Pit steht zwischen den Tischen.	Pit steht hinter dem Tisch.

Orientieren

Welche Kinder fahren mit ihrem Roller nach rechts?
Kennzeichne sie mit einem blauen „R“!

Welche Kinder fahren mit ihrem Roller nach links?
Kennzeichne sie mit einem
roten „L“!

Orientieren

Ergänze die Sätze!

Oben rechts befindet sich ____________________

Unten links befindet sich ____________________

In der Mitte befindet sich ____________________

Oben links befindet sich ____________________

Unten rechts befindet sich ____________________

Oben rechts befindet sich ____________________

Unten links befindet sich ____________________

In der Mitte befindet sich ____________________

Oben links befindet sich ____________________

Unten rechts befindet sich ____________________

Orientieren

Übertrage die Figuren in die unteren Raster!

Achte auf Lage, Form und Muster!

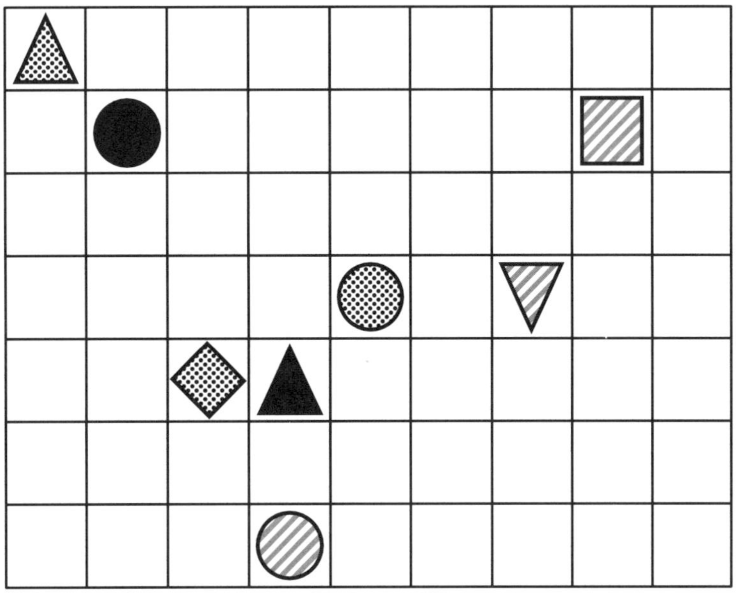

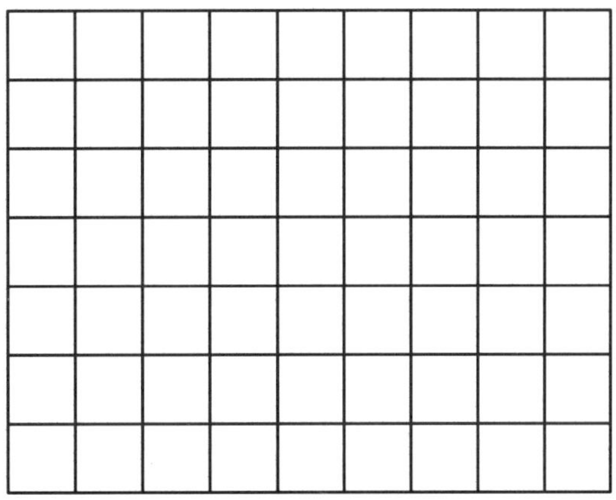

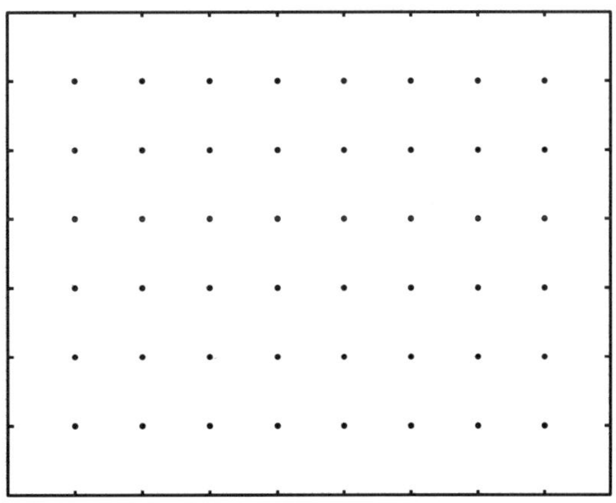

Orientieren

1. Male 10 Kreise aus!

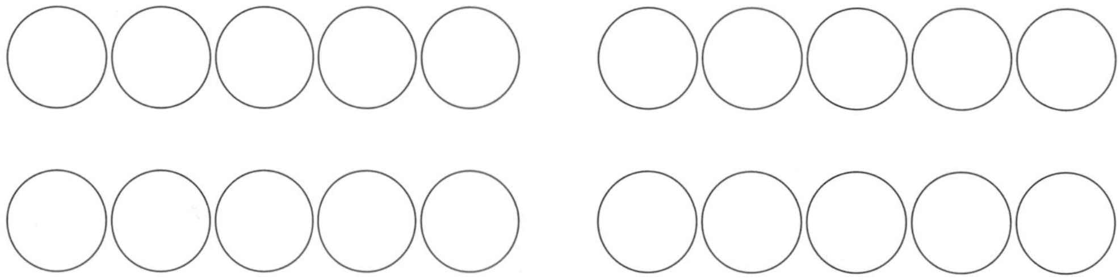

2. Male den 10. Kreis aus!

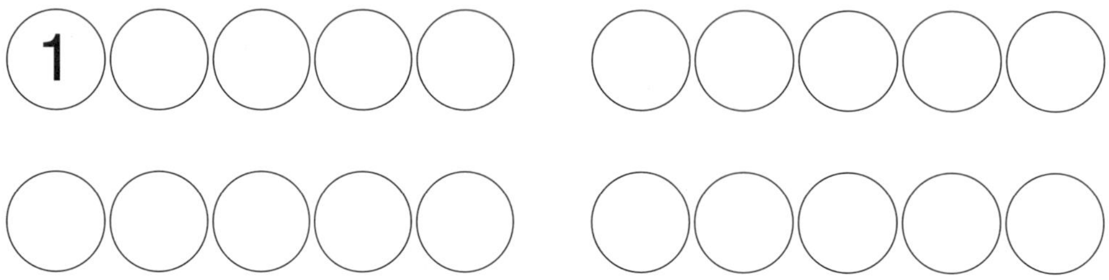

3. Trage folgende Zahlen in das Zwanzigerfeld ein!

5, 15, 7, 17

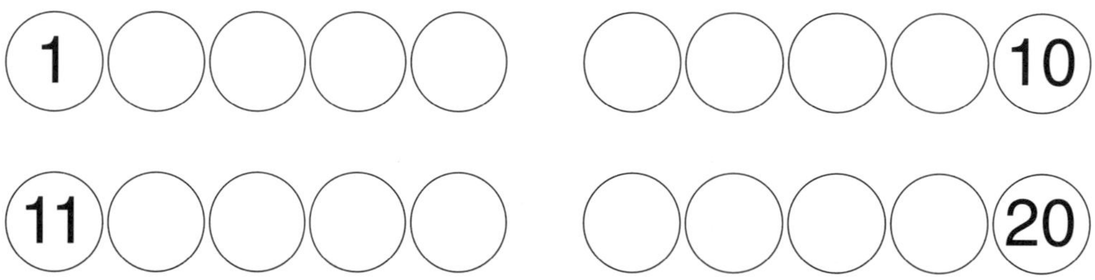

4. Trage folgende Zahlen am Zahlenstrahl an!

5, 15, 7, 17

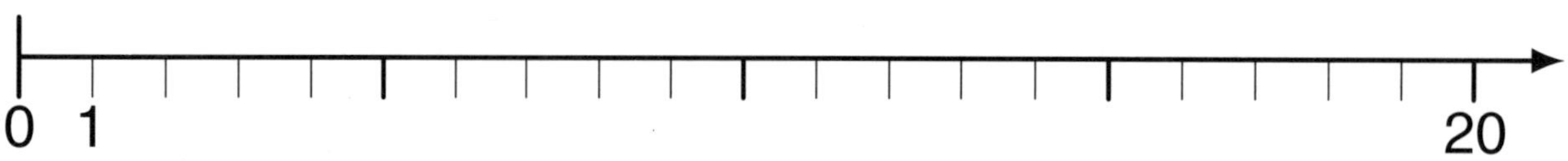

Sortieren

Pit sind Kalenderblätter durcheinander geraten.
Schneide die Blätter aus und ordne sie!
Welche Kalenderblätter fehlen zwischen dem 3. und 20. Mai?

19. Mai	17. Mai	8. Mai
10. Mai	15. Mai	9. Mai
12. Mai	7. Mai	16. Mai
14. Mai	3. Mai	20. Mai

Sortieren

Welcher Tag ist heute?
Schneide die Karten aus! Lege die Wochentage richtig hintereinander!
Ordne darunter die übrigen Karten richtig an!

übermorgen	**gestern**	**Dienstag**
Sonntag	**morgen**	**Donnerstag**
Mittwoch	**Sonnabend**	**vorgestern**
Freitag	**Montag**	**heute**

Sortieren

Schneide die Karten aus und spiele Domino!

Paare sind die Figur und ihr Name.

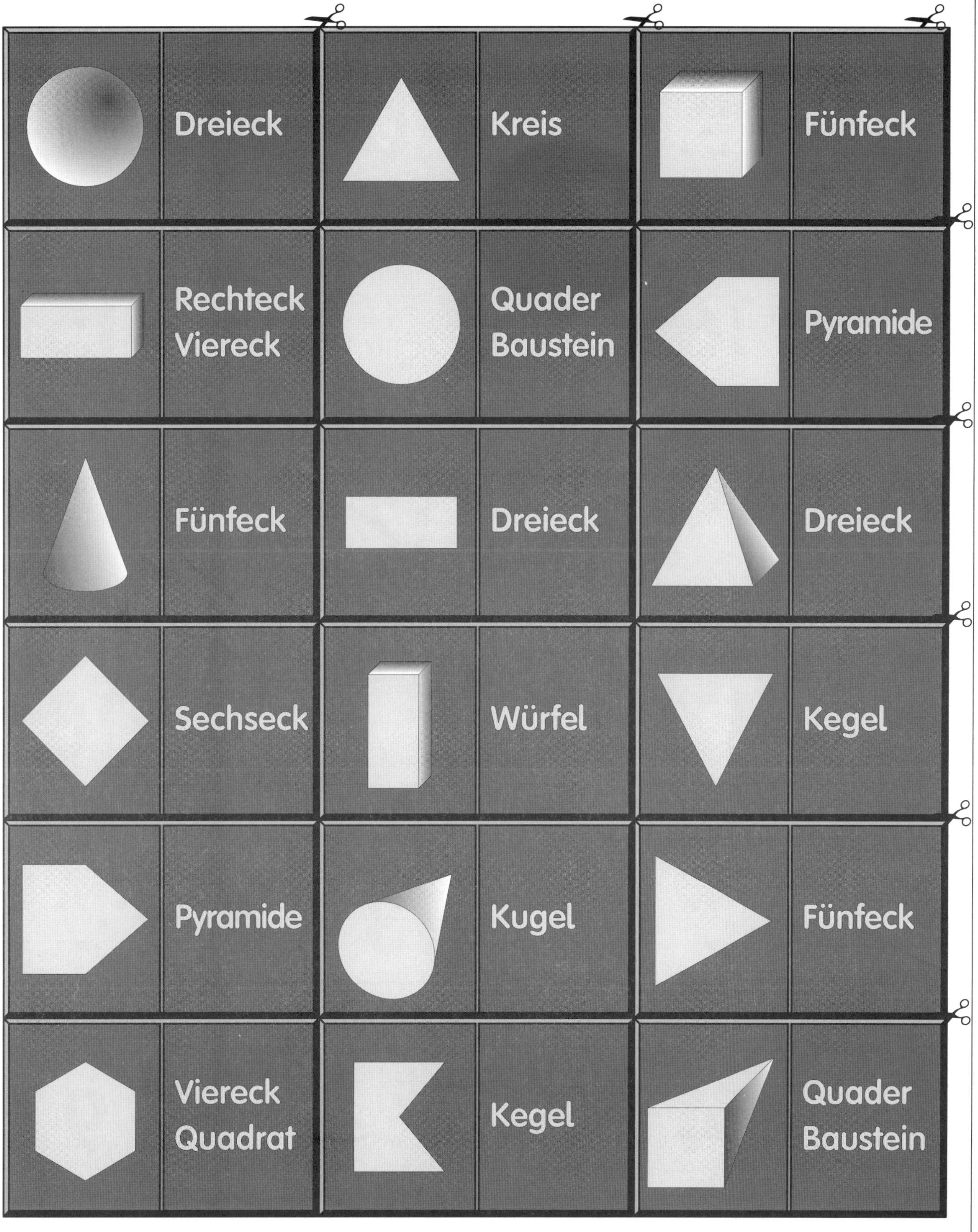

Sortieren

Schneide die Karten aus und spiele Domino!
Paare sind: Bild an Bild – zusammen 20 Punkte
Zahl an Zahl – zusammen 20.

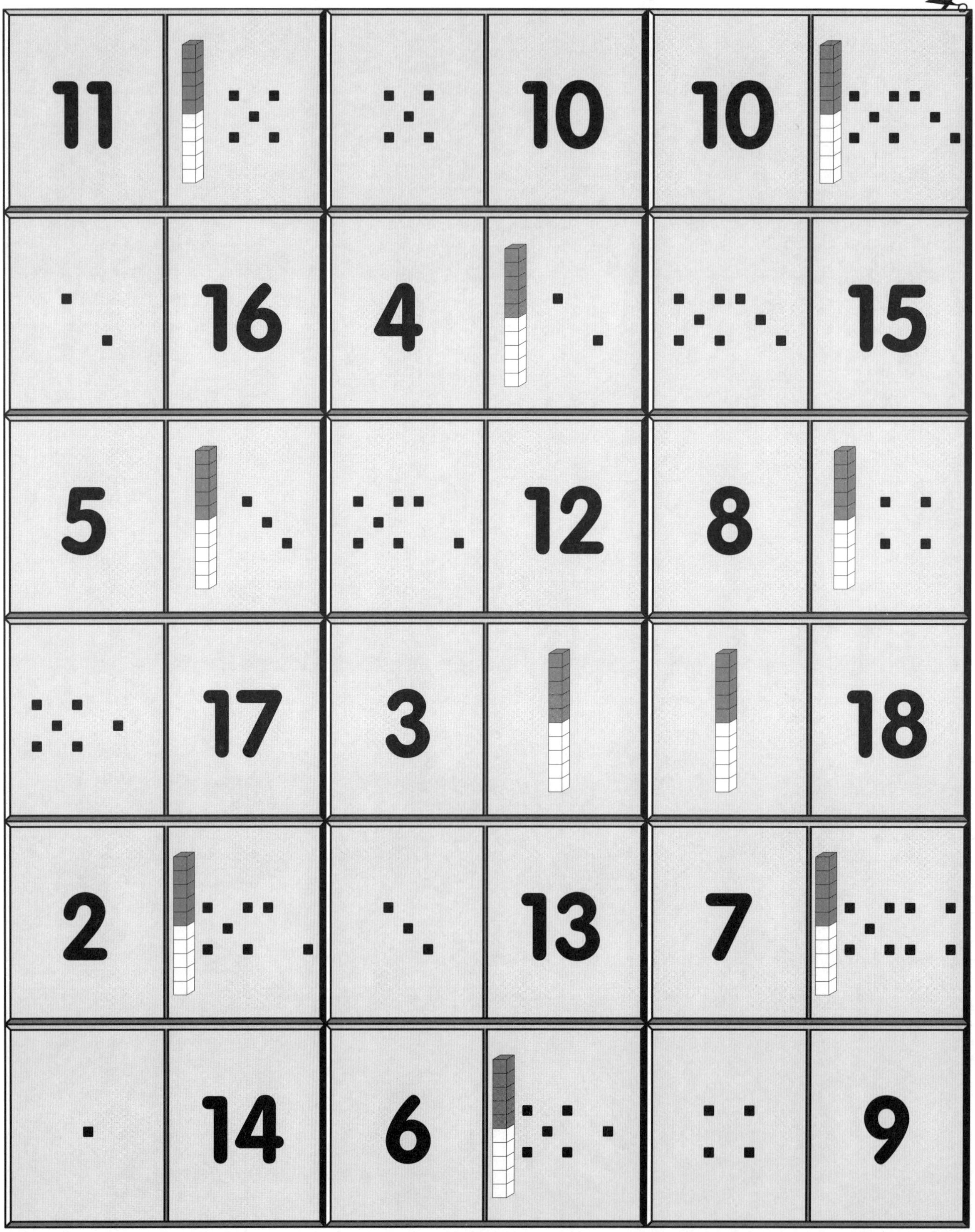

Sortieren

Schneide die Karten aus! Sortiere die Figuren nach der Form! Sortiere danach die Figuren einer Form nach der Größe! Beginne jeweils mit der kleinsten Figur!

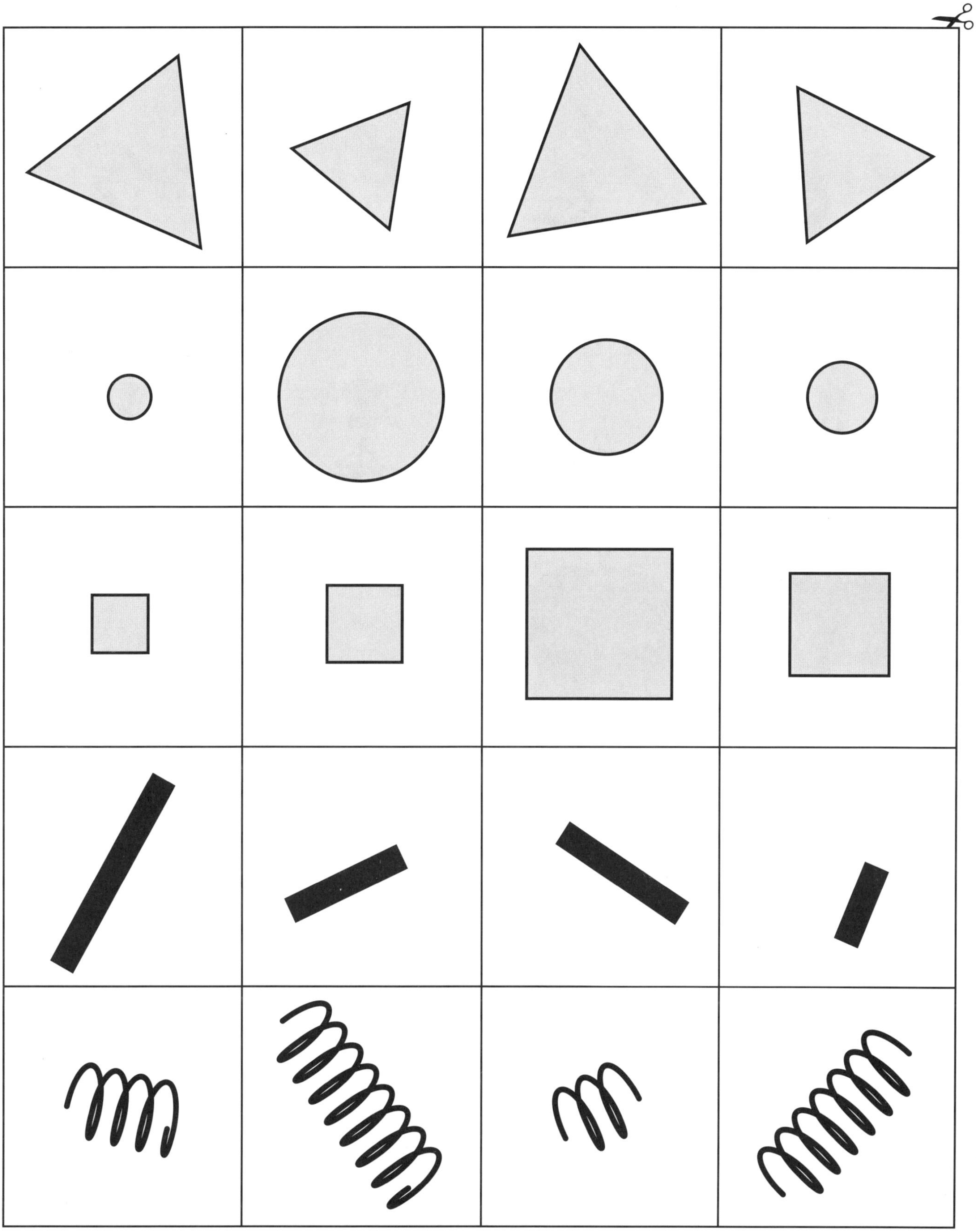

Zusammenhänge erkennen

Lege die Karten in die richtige Reihenfolge! Begründe!

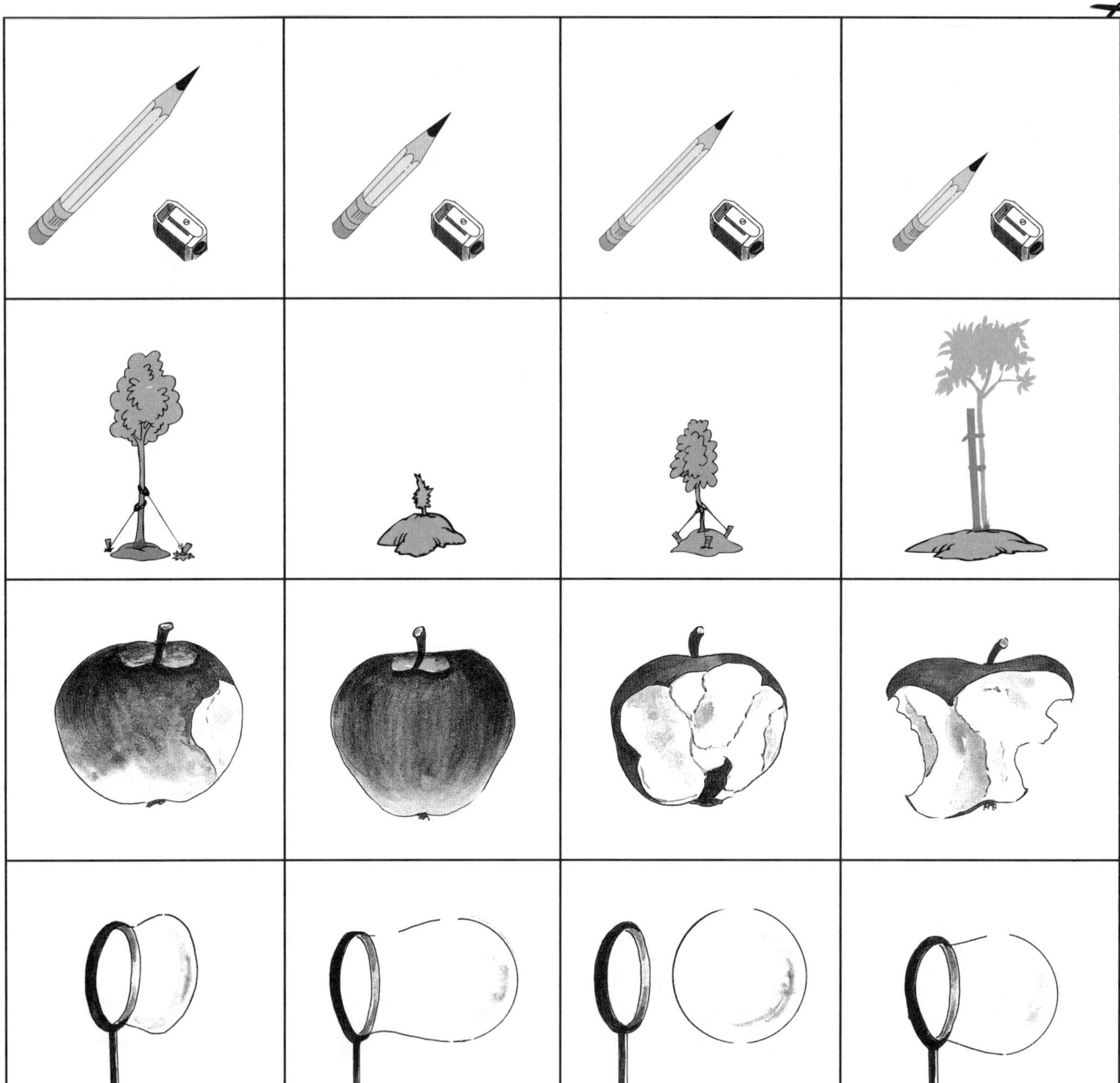

Zusammenhänge erkennen

Entdecke Flächen an den Gegenständen!
Male sie farbig aus!

Dreieck Farbe: rot	Quadrat Farbe: grün	Rechteck Farbe: blau

Zusammenhänge erkennen

Welches der 4 rechten Bilder passt zu den 3 Bildern auf der linken Seite? Male es an! Begründe!

Zusammenhänge erkennen

Finde den Fehler in den Reihen! Streiche ihn an! Begründe!

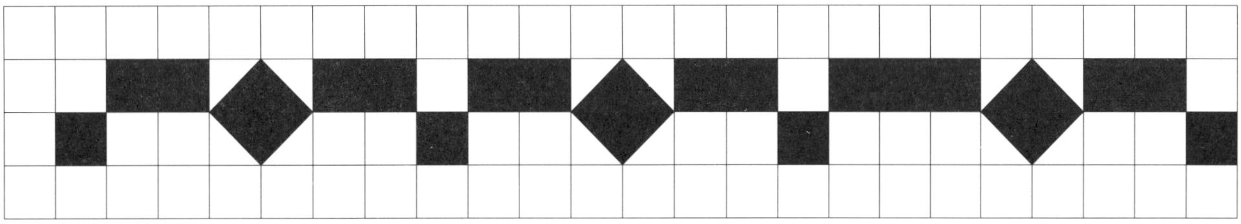

Ergänze die Reihen!

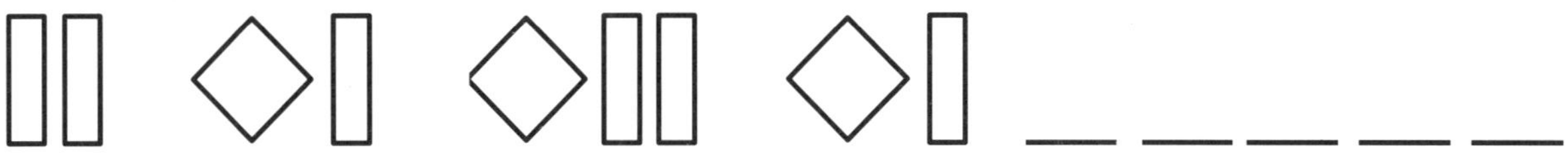

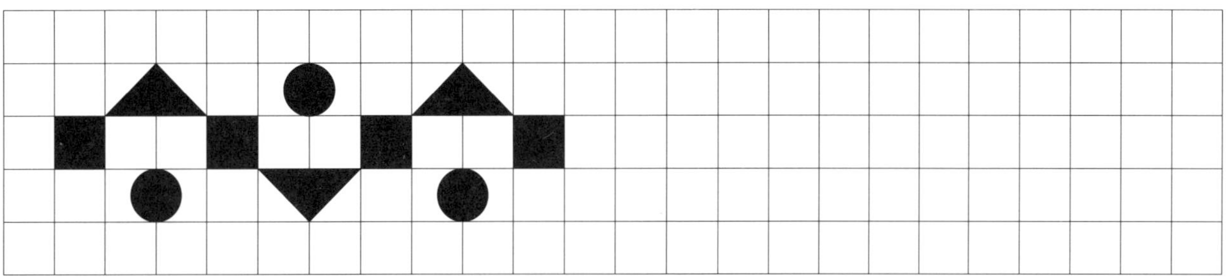

Zahlen vorstellen

In jeder Reihe sollen die Würfelflächen zusammen 10 Punkte zeigen.
Ergänze!

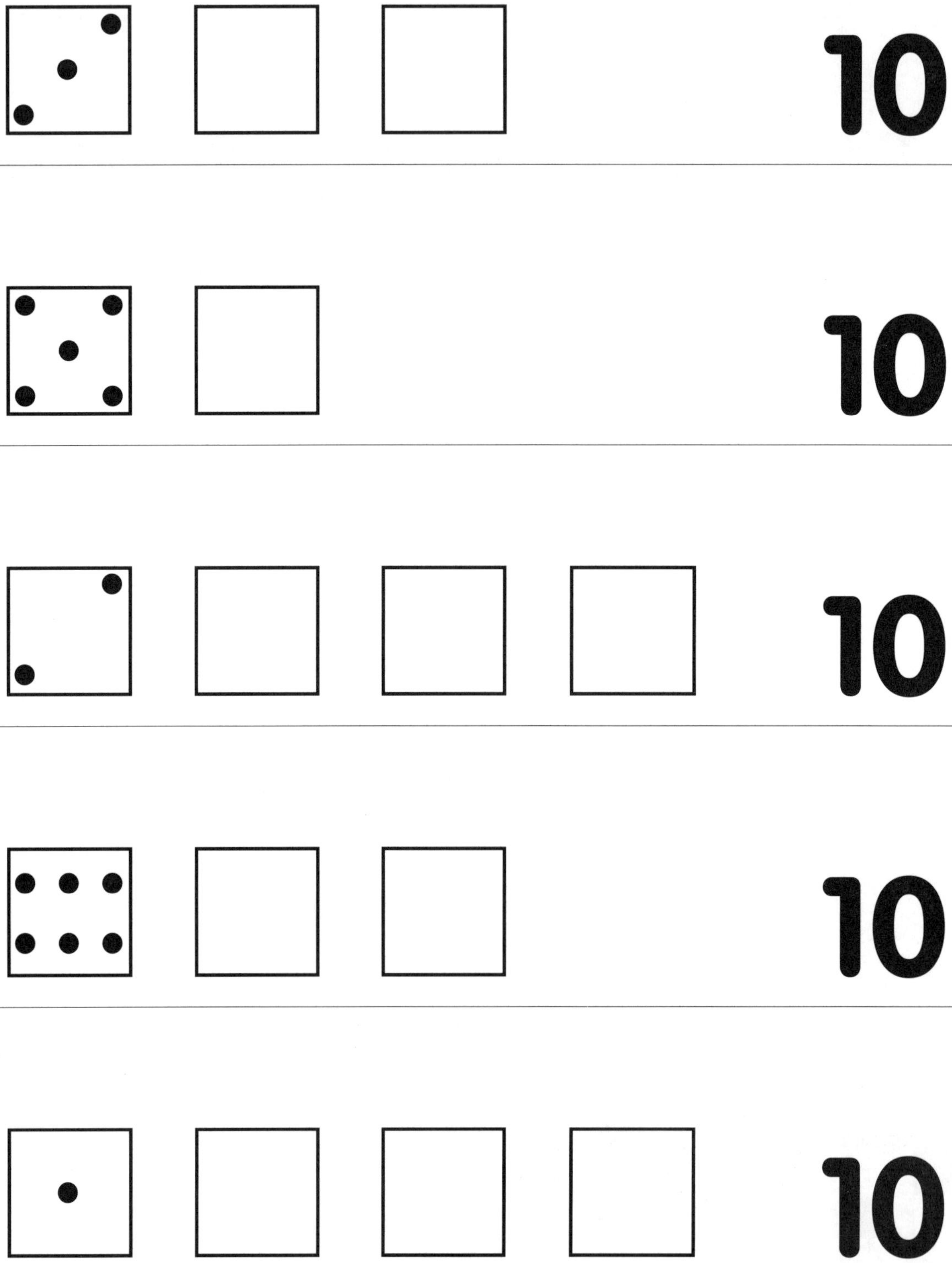

Zahlen vorstellen

Schneide die Karten aus!
Ordne die Karten! Beginne mir der kleinsten Anzahl!
Ordne Zahlenkarten richtig zu! Spiele Memory!

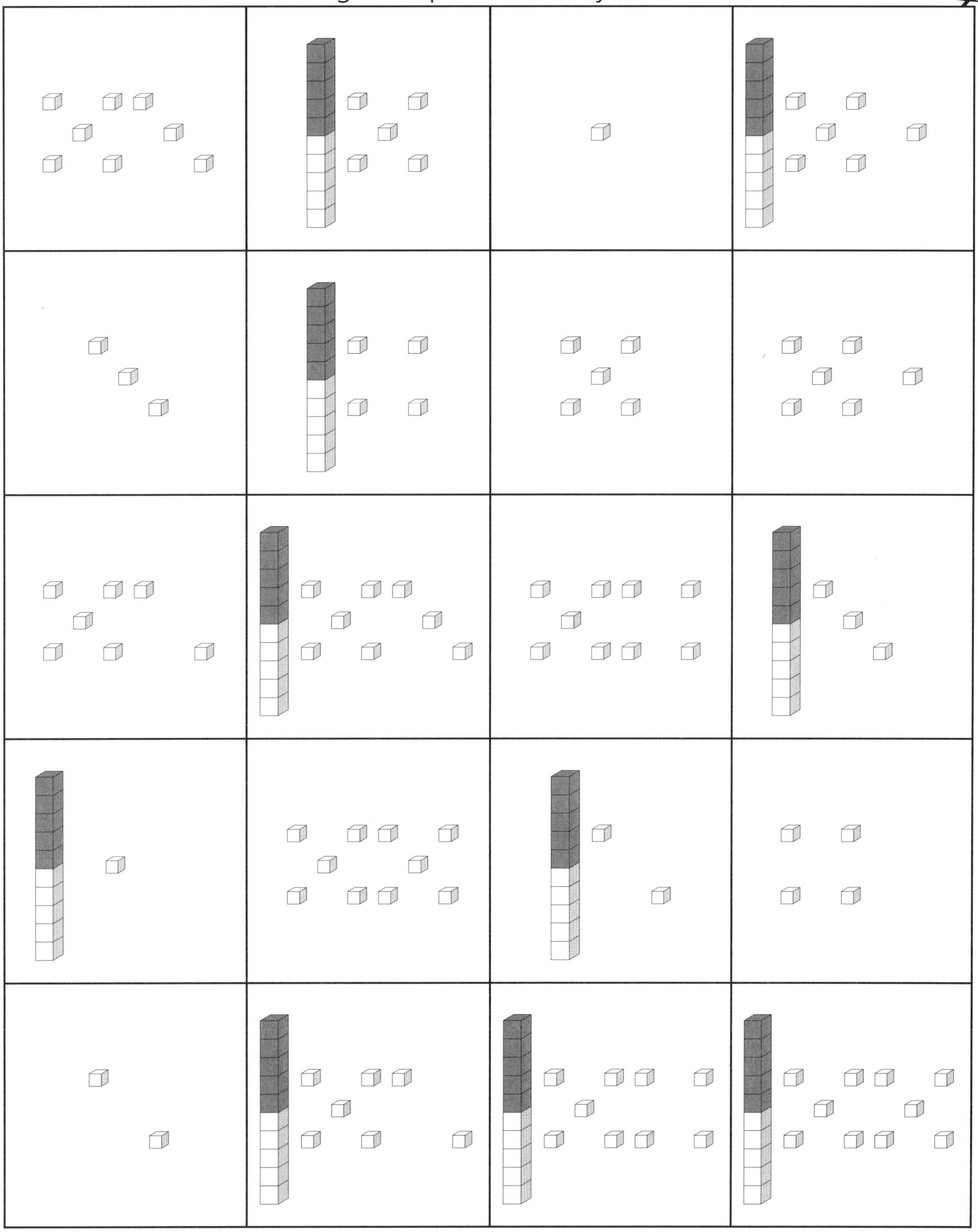

Zahlen vorstellen

Schneide die Karten aus!
Ordne die Karten! Beginne mir der kleinsten Zahl!
Ordne Bildkarten richtig zu! Spiele Memory!

1	15	8	20
3	11	7	18
2	14	4	16
6	12	5	13
19	10	9	17

Zahlen vorstellen

1. Pit hat 5 Äpfel. Male für dich daneben doppelt so viele!

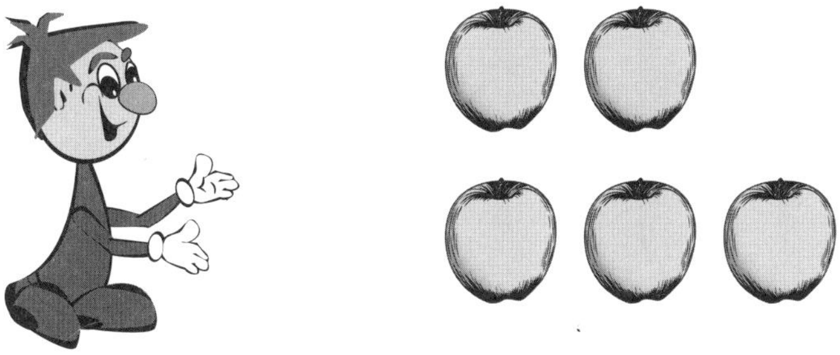

Das Doppelte von 5 ist ☐.

2. Pit hat 7 Bonbons. Male für dich daneben doppelt so viele!

Das Doppelte von 7 ist ☐.

3. Pit hat 4 Murmeln. Male für dich daneben doppelt so viele.

Das Doppelte von 4 ist ☐.

Zahlen vorstellen

1. Pit hat 8 Luftballons. Male für dich daneben halb so viele!

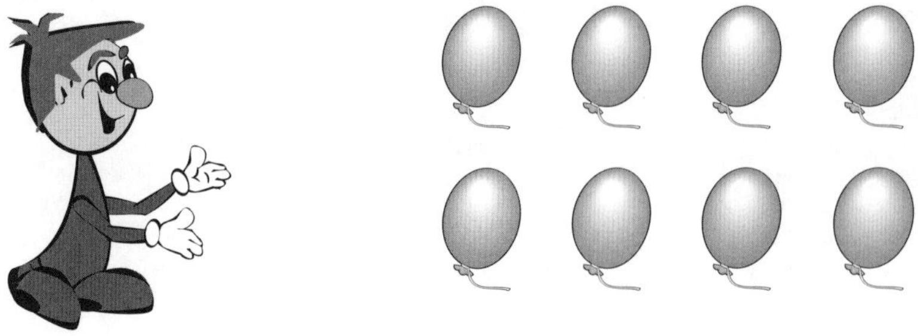

Die Hälfte von 8 ist ☐.

2. Pit hat 16 Kastanien gesammelt. Male für dich daneben halb so viele!

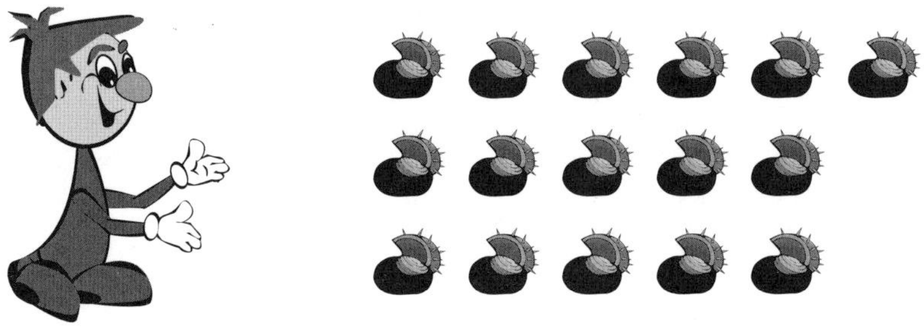

Die Hälfte von 16 ist ☐.

3. Pit hat 20 Pilze gefunden. Male für dich daneben halb so viele.

Die Hälfte von 20 ist ☐.

Zahlen vorstellen

Male jeweils halb so viele Figuren auf die linke Seite!
Ergänze die Sätze!

Die Hälfte von ___ ist ___.

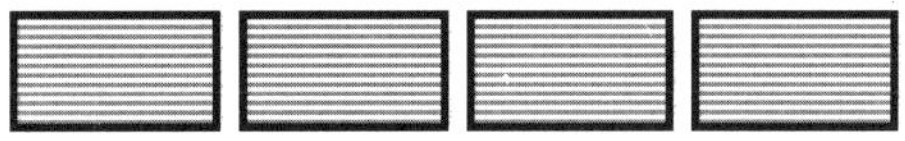

Die Hälfte von ___ ist ___.

Die Hälfte von ___ ist ___.

Die Hälfte von ___ ist ___.

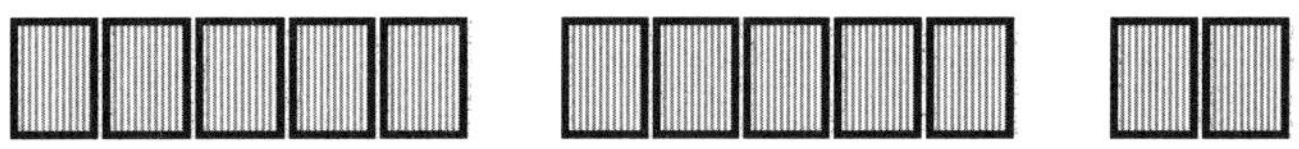

Die Hälfte von ___ ist ___.

Zahlen vorstellen

Male jeweils doppelt so viele Figuren auf die rechte Seite!
Ergänze die Sätze!

Das Doppelte von ☐ ist ☐.

Das Doppelte von ☐ ist ☐.

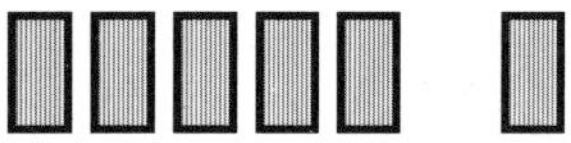

Das Doppelte von ☐ ist ☐.

Das Doppelte von ☐ ist ☐.

Das Doppelte von ☐ ist ☐.

Erzähle eine Rechengeschichte zu jeder Bildfolge!
Schreibe eine passende Aufgabe dazu!

Aufgabe: ☐ ☐ = ☐

Aufgabe: ☐ ☐ = ☐

Aufgabe: ☐ ☐ = ☐

Löse die Aufgaben!
Zeichne zu jeder Aufgabe eine passende Bildgeschichte!

Aufgabe: 2 + 1 = ☐

Aufgabe: 5 + 2 = ☐

Aufgabe: 4 - 2 = ☐

Ergänze Punkte so, dass das Bild der 10 entsteht!
Vervollständige die Aufgaben!

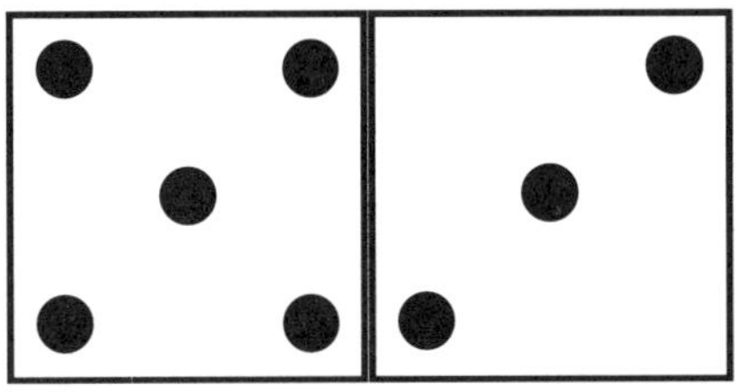

$$8 + \square = 10$$

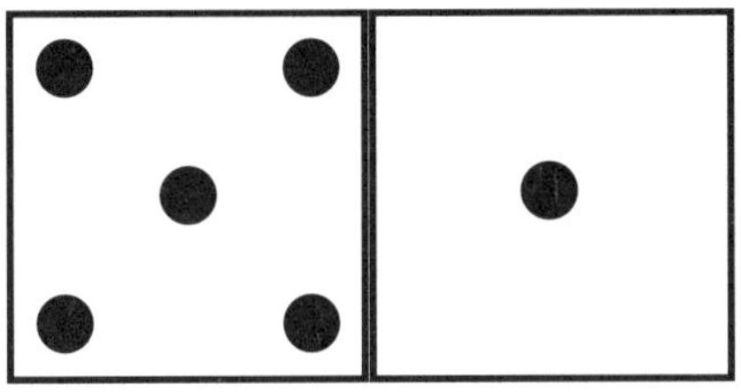

$$6 + \square = 10$$

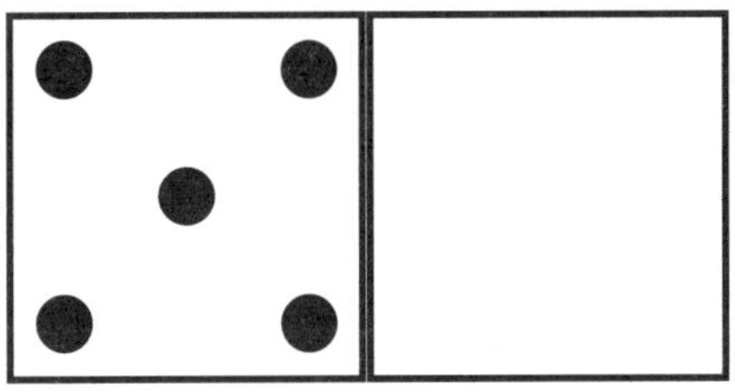

$$5 + \square = 10$$

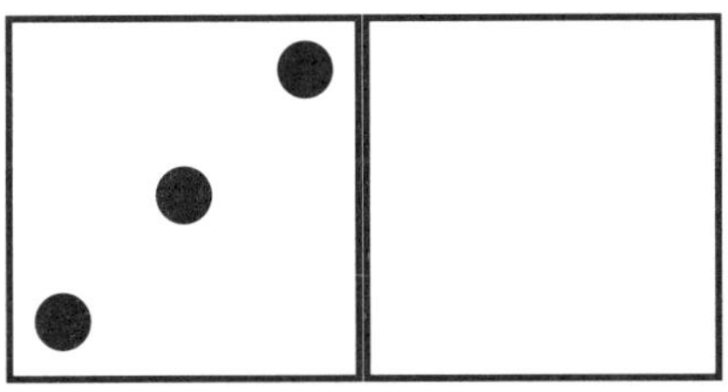

$$3 + \square = 10$$

Rechnen

1+1

Löse die Aufgaben!
Erkläre, zeichne oder schreibe auf, wie du gerechnet hast!

Aufgabe:	Lösungsweg
$5 + 2 = \square$	
$9 - 5 = \square$	
$10 + 4 = \square$	
$16 - 6 = \square$	
$8 + 4 = \square$	
$12 - 5 = \square$	

Hinweise

Zum Aufbau der Arbeitsblätter

Im Mittelpunkt des Mathematikunterrichts der Klasse 2 stehen das Entwickeln von Zahlenvorstellungen und der Aufbau des Zahlenraumes bis 100 sowie das Erlernen effektiver Rechenstrategien in diesem Zahlenraum. Neu hinzu kommen die Rechenoperationen Multiplikation und Division. Auch diese gilt es sicher über Handlungen zu begreifen ehe eine Automatisierung der Einmaleinsaufgaben erfolgt. Grunderfahrungen im Sachrechnen, in der Geometrie und zu ausgewählten Größen werden weiter ausgebaut. Um sich diese Inhalte anzueignen benötigen die Kinder gut entwickelte Fähigkeiten wie Vorstellungsfähigkeit, Abstraktionsfähigkeit und Orientierungsfähigkeit und sichere Grundlagen aus Klasse 1. Die Arbeitsblätter dienen – je nach Einsatz – zum Erkennen des Entwicklungsstandes der Fähigkeiten und der vorhandenen mathematischen Grundlagen oder zum Fördern der weiteren Entwicklung. Zu jeder Fähigkeit sind unterschiedliche Schwerpunkte mit außermathematischen und mathematischen Inhalten ausgewählt:

Entwicklung der Vorstellungsfähigkeit
- Zählen
- Bauen
- Zahlen vorstellen
- Rechnen

Entwicklung der Abstraktionsfähigkeit
- Vergleichen
- Sortieren
- Zusammenhänge erkennen

Entwicklung der Orientierungsfähigkeit
- Orientieren durch Rechts-Links-Unterscheidung
- Orientieren durch Unterscheiden von Beziehungen wie oben, unten, vorn, hinten, vor, nach, in, auf, zwischen ... und ...
- Orientieren im Zahlenraum

Alle Arbeitsblätter dienen darüber hinaus zur Entwicklung der Wahrnehmung der Kinder. Wahrnehmung ist abhängig von Erfahrung und Wissen. „Wer mehr weiß, nimmt mehr wahr." Um die Aufgaben auf den Arbeitsblättern richtig zu erfüllen, ist eine genaue Wahrnehmung unerlässlich. Deshalb enthalten die Diagnose-Förder-Materialien keine gesonderten Arbeitsblätter mit der Überschrift „Wahrnehmung".

Hinweise auf Schwierigkeiten einzelner Kinder erhält man durch die **Aufgabenlösung** (Für welche Lösung hat sich das Kind entschieden? Ist die Lösung richtig oder falsch? Kann das Kind die Lösung begründen?) und durch das Beobachten des Kindes im **Lösungsprozess** (Wie ist das Kind vorgegangen? Benötigte es Hinweise zum Lösen der Aufgabe? Kann das Kind sein Vorgehen erklären? Weiß es mehrere Lösungswege?).
Hilfen können auf unterschiedlichen Ebenen gegeben werden:
- Das Kind erhält Hinweise zum Lösen und probiert das Vorgehen an weiteren Arbeitsblättern zum gleichen Schwerpunkt aus.
- Das Kind sammelt erst Erfahrungen auf der gegenständlichen Ebene und bearbeitet danach weitere Arbeitsblätter zum gleichen Schwerpunkt.

Die Anordnung der Arbeitsblätter im Heft erfolgte nach inhaltlichen Gesichtspunkten.

Zum Einsatz der Arbeitsblätter

Zählen (S. 3 bis 13)

Zu Beginn der Klasse 2 sollten die Kinder den Zahlenraum bis 20 sicher aufgebaut und seine Struktur verstanden haben. Dazu gehört auch fehlerfreies Vorwärts- und Rückwärtszählen. Eine sichere Eins-zu-Eins-Zuordnung beim Zählen von einzelnen Dingen gelingt jetzt vielen Kindern schon mit den Augen ohne Zuhilfenahme der Finger. Einige Kinder versuchen Strukturen beim Zählen zu erkennen und geschickt zu nutzen, indem sie mehrere Dinge auf einmal erfassen und in verschiedenen Schritten (Zweier-, Dreier- oder Fünferschritten) zählen. Mit den Arbeitsblättern soll der Stand der Kinder bei der Entwicklung des Zählens erfasst werden. Erkennen und nutzen die Kinder sichtbare Strukturen zum Zählen? Wie malen sie eine vorgegebene Anzahl von Dingen aus? Wählen sie zum Ausmalen selbst Strukturen, um sich die Arbeit zu erleichtern? Müssen sie ständig neu zählen oder überschauen sie kleine Anzahlen mit den Augen? Wie sicher beherrschen sie die Ziffernschreibweise der Zahlen bis 20? Können sie sich im Zahlenraum bis 20 orientieren und fehlende Zahlen bestimmen oder einordnen? Erst wenn diese und ähnliche Übungen im Zahlenraum bis 20 sicher beherrscht werden, können die Kinder den Zahlenraum bis 100 aufbauen.

Hinweise zum Fördern. *Für die Entwicklung der Zählkompetenz bis 20 muss für einige Kinder im Mathematikunterricht der Klasse 2 noch genügend Zeit eingeplant werden. Bei Schwierigkeiten sollte auf Gegenstände aus der Umwelt der Kinder zurückgegriffen und die Eins-Zu-Eins-Zuordnung mit den Fingern geübt werden. Das Zählen in verschiedenen Schritten (Zweier-, Dreier- oder Fünferschritten) lässt sich vorbereiten, indem die Gegenstände sichtbar in kleinen Gruppen angeordnet werden.*
Für viele Kinder ist auch rhythmisches Zählen oder die Verbindung des Zählens mit Körperbewegungen wie Klatschen, Klopfen, Trampeln, Vorwärts- und Rückwärtslaufen hilfreich. Kinder mit Orientierungsproblemen haben Schwierigkeiten insbesondere beim Rückwärtszählen. Hierzu sind viele Übungen notwendig, die von Handlungen begleitet werden wie Ein- und Auspacken, Hoch- und Runtersteigen, Hinlegen und Wegnehmen u. Ä.

Bauen (S. 14 bis 17)

Die Aufgaben zum Bauen dienen dem Erfassen und Weiterentwickeln von Vorstellungen. Die Kinder sollten in der Lage sein, sich die „Bauwerke" räumlich vorzustellen, verdeckte Körper zu erfassen, vorgegebene Strukturen zu erkennen und entsprechend nachzubauen. Das Nachbauen der einzelnen Bauwerke kann zum Teil mit oder ohne Vorlage erfolgen. Dadurch lassen sich noch Rückschlüsse auf Konzentration und Gedächtnis ziehen. Bei den Arbeitsblättern 15 und 16 sollen die Kinder Bauwerke nicht nur räumlich wahrnehmen, sondern ihre Sichtweise ändern. Gelingt es ihnen schon, mit Vorstellungsbildern im Kopf zu operieren und mal von vorn oder von oben zu schauen?

Hinweise zum Fördern. *Das Bauen mit Würfeln und anderen Bausteinen sollte auch Inhalt des Mathematikunterrichts in Klasse 2 sein. Manchen Kindern gelingt das räumliche Interpretieren von Körperformen auf Bildern noch nicht ausreichend. Das räumliche Sehen ist aber nicht nur in der Geometrie wichtig, sondern auch im täglichen Leben. Kinder, die vor der Schule wenig mit Bausteinen gespielt haben, weisen in dieser Fähigkeit oft Entwicklungsverzögerungen auf. Diese gilt es aufzuarbeiten. Anfangs sollten sie solche Bilder zum Nachbauen erhalten, auf denen noch alle einzelnen Figuren sichtbar sind. Erst nach und nach können Bilder mit verdeckten Figuren hinzu kommen, so dass die Kinder Erfahrungen sammeln. Sind die Kinder daran gewöhnt, vorher die Einzelteile zu zählen und ihre Anordnung zu beschreiben sowie auf Strukturen zu achten, dann können sie Bauwerke auch ohne sichtbare Vorlage nachbauen.*

Vergleichen (S. 18 bis 21)

Eine wichtige Grundlage für genaues Vergleichen ist das Wahrnehmen. Dabei sind Unterschiede oft schneller wahrnehmbar als Gemeinsamkeiten. Die Arbeitsblätter zum Vergleichen stellen unterschiedliche Eigenschaften wie Form, Größe, Anzahl, Lage u. Ä. in den Mittelpunkt einer Aufgabe. Dadurch lässt sich feststellen wie genau Kinder vergleichen, wie sie vorgehen, auf welche Eigenschaften sie schon selbstständig achten.

Hinweise zum Fördern. *Kinder, die bei diesen Aufgaben noch Fehler machen, können zunächst einmal einfache Übungen zum Vergleichen an Gegenständen durchführen. Dabei sollten sie ihr Vorgehen beschreiben: Worauf soll ich achten? Wie gehe ich vor? Was ist unterschiedlich? Was ist gleich?*
Kinder sollten lernen, sich nicht auf einen oberflächlichen Gesamteindruck zu verlassen, sondern auf alle Kleinigkeiten zu achten und beim Vergleichen systematisch vorzugehen.

Orientieren (S. 22 bis 30)

Eine gut entwickelte Orientierungsfähigkeit ist unerlässlich zum Beachten und Einhalten von Arbeitsrichtungen beim Lesen, Schreiben, Rechnen und Zeichnen. Man muss vorgegebene Orientierungen erkennen und nutzen oder sich selbst Orientierungspunkte schaffen und diese beachten.
Zu Beginn der 2. Klasse sind noch nicht alle Kinder sicher in der Orientierung, insbesondere in der Rechts-Links-Unterscheidung und in der Verwendung von Relationsbegriffen. Orientierungsübungen sollten immer wieder durchgeführt werden. Die Beobachtung der Kinder lässt Rückschlüsse auf den Stand in der Fähigkeitsentwicklung zu. Wie gehen sie zum Beispiel bei der Orientierung im Raster oder im Zahlenraum vor? Erkennen sie schon selbstständig Strukturen und nutzen diese? Orientierungsprobleme führen oft zu Unsicherheiten im Zahlenraum bis 20 beim Erfassen seiner Struktur, beim Nennen von Vorgänger und Nachfolger zu vorgegebenen Zahlen, beim Schreiben und Lesen von Zahlen und beim Beachten von Reihenfolgen in Rechenstrategien. Solche Probleme müssen erst im außermathematischen Bereich aufgearbeitet werden.
Mit den Aufgaben der Arbeitsblätter wird erfasst, ob Kinder Lagebeziehungen beachten und Relationsbegriffe selbst richtig anwenden können. Die Arbeitsblätter 22 bis 26 enthalten Übungen zum fremden Körperschema. Kann sich das Kind in die Lage eines anderen Lebewesens versetzen und aus dieser Position Richtungen beachten? Bei den Übungen auf den folgenden Arbeitsblättern sollen Relationen zwischen Objekten richtig benannt werden (Seite 26) bzw. Orientierungen in der Ebene erfolgen (Seite 27 und 28). Bei den letzten beiden Seiten geht es um das Orientieren im Raster bzw. im Zahlenraum (Seite 29 und 30).

Hinweise zum Fördern. *Treten beim Lösen der Aufgaben Probleme auf, sollte überprüft werden, ob diese Kinder sicher in der Entwicklung des eigenen und fremden Körperschemas sind:*
Können sie an sich selbst einzelne Körperteile zeigen und richtig benennen, zum Beispiel die rechte Schulter, den linken Zeigefinger, den rechten Fuß u. Ä.? Können sie mit offenen und geschlossenen Augen angeben, wo sie berührt wurden?
Können sie einfache Handlungen ausführen und sich dabei mit offenen und geschlossenen Augen orientieren, zum Beispiel mit der rechten Hand an das linke Ohr fassen, in die linke Hand fünf blaue Plättchen nehmen, auf dem linken Fuß dreimal hüpfen?
Können sie sich an anderen Lebewesen orientieren, zum Beispiel beim Hund das rechte Ohr zeigen, die linke Hand auf die rechte Schulter der Lehrerin legen u. Ä.

Werden oben genannte Übungen sicher beherrscht, sollten Orientierungsübungen im Raum und in der Ebene erfolgen. Zum Beispiel: Lege die Federtasche nach oben, das Mathematikbuch nach links und das Heft nach rechts. Lege den Bleistift auf das Buch und das Lineal unter das Buch. Lege zwischen Buch und Heft den Radiergummi u. Ä. Zeichne in die Mitte des Blattes einen Kreis. Zeichne unter den Kreis ... Zeichne über den Kreis ... Zeichne in die linke obere Ecke des Blattes ... usw. Solche Übungen können zu Beginn von Mathematikstunden regelmäßig mit allen Schülern durchgeführt werden. Je besser die Orientierung gelingt, desto einsichtiger kann auch eine Orientierung im Zahlenraum erfolgen.

Sortieren (S. 31 bis 35)
Bei diesen Aufgaben sind die Bedingungen zum Sortieren vorgegeben. Die Kinder müssen nach unterschiedlichen Gesichtspunkten wie Größe, Zahlen, Zeitbegriffen, Formen und Anzahlen jeweils Zuordnungen herstellen können.

Hinweise zum Fördern. *Bei Schwierigkeiten können Übungen auf der gegenständlichen Ebene durchgeführt werden. Gegenstände aus der Umwelt können nach unterschiedlichen Bedingungen sortiert werden. Dabei sollten verschiedene Möglichkeiten des Sortierens vorgegeben oder selbst gefunden werden, zum Beispiel: Sortieren nach Form, Farbe, Material, Verwendungszweck, Anzahl von Dingen u. Ä.*

Zusammenhänge erkennen (S. 36 bis 39)
Die Aufgaben auf diesen Arbeitsblättern hängen eng mit den Aufgaben zum Vergleichen und Sortieren zusammen. Auch hier muss verglichen und sortiert werden, nur sollen die Kinder die zu beachtenden Merkmale selbst finden und einen möglichen inhaltlichen Zusammenhang herstellen. Die zu findenden Zusammenhänge sind von unterschiedlicher Qualität. Auf Seite 36 ist ein inhaltlicher Zusammenhang zwischen den Bildern herzustellen, die jeweils einen Vorgang symbolisieren. Auf Seite 37 muss ein Zusammenhang zwischen Körperformen und Flächenformen gefunden werden, Seite 38 lässt auf einen Zusammenhang hinsichtlich eines Oberbegriffes schließen. Es sind unterschiedliche Lösungen denkbar. Deshalb sollte in jedem Fall eine Begründung für die Lösung abgefordert werden. Zum Beispiel ist bei der dritten Aufgabe der Vogel als Lösung denkbar (es sind alles Tiere) oder der Löwe (es sind alles vierbeinige Tiere). Bei der zweiten Lösung wurden mehrere Gemeinsamkeiten beachtet.
Auf Seite 39 geht es um das Erkennen von Fehlern in Folgen und um das richtige Fortsetzen von Folgen. Dabei soll auf unterschiedliche Merkmale wie Form, Lage und Anzahl von Figuren geachtet werden. Die zu beachtenden Merkmale müssen selbst gefunden werden.

Hinweise zum Fördern. *Bei Schwierigkeiten können zunächst Folgen auf der gegenständlichen Ebene identifiziert und realisiert werden. Zum Beispiel werden in eine Reihe folgende Gegenstände gelegt: 1 Stift, 1 Radiergummi, 1 Notizzettel, 1 Büroklammer. Das Kind soll die Reihe fortsetzen. Später können Merkmale wie Anzahl, Lage u. Ä. von Gegenständen dazukommen.*
Weitere Übungen sind Nachlegen von Bildern mit geometrischen Figuren mit und ohne Raster, Nachbauen von Mosaiken u. Ä.

Zahlen vorstellen (S. 40 bis 46)
Bevor die Kinder in der zweiten Klasse die Zahlen bis 100 kennen lernen, sollen sie gute Zahlenvorstellungen bis 20 entwickelt haben. Das heißt, ihnen sind solche Repräsentationen für Zahlen bekannt, die sich leicht simultan erfassen lassen, die sich aber auch leicht im Kopf verändern lassen. Das können zum Beispiel Mengen mit gut sichtbarer Zehner- und Fünferstruktur sein. Eine Möglichkeit ist die Anordnung von einzelnen Würfeln (Einern) in Form von Würfelbildern bis 10, wobei die „Kraft der Fünf" ausgenutzt wird (immer die Fünf und der Rest). Durch Wegnehmen oder Hinzufügen von einzelnen Würfeln entstehen neue Bilder, die simultan erfasst werden, wenn die Struktur bekannt ist.
Zahlenvorstellungen sollen mit den Arbeitsblättern 40 bis 42 erfasst bzw. weiterentwickelt werden. Hier werden strukturierte Mengen zu den Zahlen 1 bis 10 bzw. 20 dargestellt und den Zahlen zugeordnet. Es sollte auf Kinder geachtet werden, die diese Anordnungen nicht simultan erfassen können, sondern immer wieder zählend vorgegebene Anzahlen ermitteln. Solche Kinder bleiben ohne effektive Zahlenvorstellungen oft auf der Stufe des zählenden Rechnens stehen.
Die Arbeitsblätter 43 bis 46 enthalten Übungen zum Verdoppeln und Halbieren. Auch diese Anforderungen aus dem Mathematikunterricht der Klasse 1 dienen zum Entwickeln von Zahlenvorstellungen. Insbesondere zählende Rechner können Zahlen im Zahlenraum bis 20 nicht verdoppeln oder halbieren. Ihnen fehlt für diese Anforderung eine effektive Strategie. Manchmal gelingt es ihnen noch an Beispielen aus dem Leben (Arbeitsblatt 43 und 44).

Hinweise zum Fördern. *Die Arbeit mit strukturierten Mengen fördert das simultane Erfassen von Anzahlen. Kinder sollten häufig im Unterricht mit Spielwürfeln umgehen. Die „Kraft der Fünf" sollte ihnen vertraut sein. Kinder können alle bekannten Zahlen als Mengen darstellen, die sich leicht simultan erfassen lassen. Solche Darstellungen helfen beim Entdecken von Strukturen im Zahlenraum:*
Wenn Kinder die Bilder der Zahlen von 1 bis 10 in eine Reihe legen und passend darunter die Bilder der Zahlen von 11 bis 20 (Arbeitsblatt 41), dann können sie Strukturen sehen lernen. Alle Bilder der oberen Reihe sind in der unteren Reihe wieder enthalten. Auch bei den Zahlen kann man sehen, dass der gleiche Einer wieder auftritt (Arbeitsblatt 42). Die Zahlen mit dem gleichen Einer stehen genau untereinander.
Dieses Sehenlernen ist für die weitere Vorstellungsentwicklung von großer Bedeutung.

Rechnen (S. 47 bis 50)
Kinder lernen Rechenoperationen über Handlungen kennen. Diese Handlungen werden anfangs selbst ausgeführt, später verinnerlicht und vorgestellt und dann auf der symbolischen Ebene mit mathematischen Zeichen dargestellt. Für einige Kinder wird dieser Prozess zu schnell durchlaufen. Noch bevor sie sich unter Rechenoperationen etwas vorstellen, sollen sie schon auf der symbolischen Ebene operieren können. Diese Kinder bleiben dann auch in der 2. Klasse zählende Rechner und kommen im Zahlenraum bis 100 nicht mehr zurecht.
Mit den Arbeitsblättern zum Rechnen wird erfasst, ob die Kinder in der 1. Klasse die Rechenoperationen über Handlungen verstanden haben. Wie können sie Handlungen mit Rechenaufgaben verbinden (Arbeitsblatt 47)? Können sie sich zu Rechenaufgaben Handlungen vorstellen (Arbeitsblatt 48)? Können sie Handlungen und Rechenaufgaben richtig aufeinander beziehen (Arbeitsblatt 49)? Können sie ihren Lösungsweg bei Rechenaufgaben beschreiben, erklären oder bildlich darstellen (Arbeitsblatt 50)? Welche Strategie wird zur Lösung der Aufgaben angewendet?

Hinweise zum Fördern. *Sinnvolle Fördermöglichkeiten zum Vermeiden bzw. Abbauen des zählenden Rechnens ergeben sich aus dem Abfordern von bewussten Übersetzungen zwischen Handlung, Bild und Rechenaufgabe. Kinder sollen je nach Vorgaben zu Handlungen Bilder malen und passende Rechenaufgaben aufschreiben, zu Bildern Handlungen beschreiben und Rechenaufgaben zuordnen und zu Rechenaufgaben Bilder zeichnen und sich Handlungen ausdenken. Eine weitere wichtige Übung ist das bewusste Verändern von Würfelbildern, sodass neue (bekannte) Bilder entstehen. Bekannte Bilder ermöglichen ein simultanes Erfassen von Anzahlen und machen Zählen überflüssig.*

Die Kinder sollten darüber hinaus oft zu ihrem Vorgehen beim Rechnen befragt werden, sie sollen ihr Vorgehen beschreiben oder bildlich darstellen. Zählende Rechner erklären ihr Vorgehen auch durch Vorwärts- oder Rückwärtszählen im Kopf oder an Hilfsmitteln wie Finger, Lineal, Rechenkästchen o. Ä.

Zum Spiel

Mit dem Spiel auf der hinteren Umschlagseite (innen und außen) lassen sich die wichtigsten Flächenformen und Körperformen des Mathematikunterrichts der Grundschule spielerisch darstellen und unterscheiden. Die Karten werden so zusammengelegt, dass bekannte Flächenformen oder Körperformen entstehen, die von den Kindern benannt werden. Im Anschluss daran können sie gezählt und deren Anzahlen verglichen werden. Von welcher Form habe ich am meisten/am wenigsten? Das richtige Zusammensetzen der Körperformen unterstützt zugleich das räumliche Sehen.

Die Karten können so aneinander gelegt werden, dass als Lösung ein großes Quadrat entsteht. Es sind aber auch Teillösungen in Form von kleinen Quadraten bzw. anderen Figuren oder in Form einer langen Reihe denkbar.